SAP® ERP Arbeitsbuch

Grundkurs SAP® ERP ECC 5.0/6.0 mit Fallstudien

Von
Professor Dr. Frank Körsgen

3., neu bearbeitete Auflage

ERICH SCHMIDT VERLAG

Bibliografische Information der Deutschen Nationalbibliothek
Die Deutsche Nationalbibliothek verzeichnet diese Publikation in der
Deutschen Nationalbibliografie; detaillierte bibliografische Daten
sind im Internet über http://dnb.d-nb.de abrufbar.

Weitere Informationen zu diesem Titel finden Sie im Internet unter
ESV. info /978 3 503 12934 8

> **Hinweis zum Buch**
> Das Übungsbuch basiert auf den Release-
> ständen SAP® ERP ECC 5.0/6.0 IDES.
> Eine Systemverfügbarkeit wird empfohlen.

1. Auflage 2005
2. Auflage 2008
3. Auflage 2011

ISBN 978 3 503 12934 8

Alle Rechte vorbehalten
© Erich Schmidt Verlag GmbH & Co. KG, Berlin 2011
www.ESV.info

Dieses Papier erfüllt die Frankfurter Forderungen
der Deutschen Nationalbibliothek und der Gesellschaft für das Buch
bezüglich der Alterungsbeständigkeit
und entspricht sowohl den strengen Bestimmungen der US Norm
Ansi/Niso Z 39.48-1992 als auch der ISO-Norm 9706.

Druck: Difo-Druck, Bamberg

Vorwort zur 3. Auflage

Die Weiterentwicklung der Releasestände und die sehr gute Nachfrage des Buches machen nunmehr die 3. Auflage notwendig. Gegenüber der 2. Auflage wurde die generelle Konzeption wiederum nicht verändert und bei gleichem Inhalt an die aktuellen Releasestände SAP® ERP ECC 5.0 und ECC 6.0 IDES angepasst. Die Ausführungen basieren auf dem unveränderten Auslieferungsstatus der IDES Mandanten des HCC. Auch aufgrund aufmerksamer Hinweise der Leser und Anwender wurden an wenigen Stellen Ungenauigkeiten im Text verständlicher formuliert. Nach wie vor wird im Buch noch gelegentlich der „alte", aber in der Praxis immer noch oft verwendete Produktname SAP® R/3® verwendet. Neu ist eine kurze Zusammenfassung der Fallstudien am Ende des Buches, mit deren Hilfe sich die Fallstudienreihe nochmals wiederholen lässt, ohne umfangreichen Text lesen zu müssen.

Besonderer Dank gilt Herrn Holger Parlow, der diese Neuauflage mit konstruktiv-kritischen Anmerkungen und neuen Ideen begleitet hat.

Bergisch Gladbach im Oktober 2010

Frank Körsgen

Vorwort zur 2. Auflage

Erfreulicherweise wurde die 1. Auflage des Buches vom Markt sehr gut aufgenommen und entsprechend nachgefragt, so dass nun eine 2. Auflage notwendig wurde. Die Konzeption wurde nicht verändert und bei gleichem Inhalt an die aktuellen Realstände SAP® R/3® 4.7 Enterprise IDES und mySAP® ERP ECC 5.0 IDES angepasst. Ich bitte um Verständnis, dass der Einfachheit halber nachfolgend noch der „alte" Produktname SAP® R/3® verwendet wird.

Moderne Informations- und Kommunikationstechnologien sind in Unternehmen unverzichtbar. Auf der Basis einer enormen Änderungsdynamik ist schon seit längerer Zeit ein Trend weg von der Individualprogrammierung hin zu betriebswirtschaftlicher Standardsoftware zu verzeichnen. Insbesondere in Deutschland gibt es kaum noch einen größeren Konzern bis hin zum Mittelstand, der nicht eine BWL-Standardsoftware produktiv einsetzt oder zumindest an deren Einführung denkt.
Betriebswirtschaftliche Standardsoftware sollte herkömmliche hierarchische und funktionsorientierte Strukturen überwinden. Quer über Abteilungen und

Bereiche hinweg werden etwa Vertrieb und Materialwirtschaft, Produktion, Lagerwirtschaft, Finanzbuchhaltung und Controlling in einem durchgängigen Bearbeitungsfluss von Geschäftsvorfällen eingebunden.
Die Software R/3® der SAP AG® ist aufgrund des hohen Integritätsgrades ihrer Teilmodule und ihrer konkurrenzlosen Funktionsvielfalt von beispielloser Komplexität.
Mit Hilfe dieser Software lassen sich erstmals umfänglich und schwerpunkt- bzw. fächerübergreifend betriebswirtschaftliche Modelle und Sachverhalte integriert in einem EDV-System abbilden.
Auch im (Hoch-)schulbereich findet dieser Softwaregigant als Ausbildungsbestandteil international zunehmende Beachtung. Fast jede deutsche Hochschule verfügt bereits über einen Zugriff auf ein SAP-System. Dabei gestaltet sich Ausbildung der Studenten an SAP-Systemen oftmals sehr schwierig. Zwar wurde die Software Hochschulen in früheren Jahren kostengünstig zur Verfügung gestellt, doch für die notwendige zeit- und kostenintensive Ausbildung der Lehrkräfte sowie Administrations- und Wartungsarbeiten fehlten oft die finanziellen und personellen Mittel.

Deshalb wurden vor einiger Zeit SAP-Hochschulkompetenzzentren (HCC) gegründet (derzeit an der Universität Magdeburg und der TU München), um diese Unzulänglichkeiten abzustellen und den Erfahrungs- und Gedankenaustausch zwischen SAP-Anwendern im Hochschulbereich untereinander (insbesondere BWL- und Wirtschaftsinformatiklehrstühle) und der Herstellerfirma SAP AG zu fördern (s. hierzu auch im Internet: http://www.hcc.uni-magdeburg.de). Im Rahmen dieser Kooperationen zwischen den HCC´s, der SAP AG und den teilnehmenden Hochschulen wird nach der Erfahrung des Autors dieses Buches seit Jahren hervorragende Arbeit geleistet.

Das vorliegende Arbeitsbuch entstand unter anderem mit der Intention, eine handlungsorientierte, qualitativ hochwertige Unterlage für einführende SAP Schulungen für Seminaranbieter sowie für Hochschulen zur Verfügung zu stellen.
Es richtet sich vor allem an SAP Einsteiger.

Bergisch Gladbach im Januar 2008

Frank Körsgen

Inhalt

1. Einleitung	*9*
1.1 Methodisch-didaktischer Aufbau der Unterlage	9
1.2 Die Fallstudienübersicht	10
1.3 Stammdatenerstellung und Wertschöpfungskette	11
1.4 Zielgruppen	11
Raum für Ihre Notizen	12
2. SAP® ERP Bedienung (Grundlagen)	*13*
2.1 Systemstart (Anmelden)	13
2.2 Elemente der Bedienoberfläche	15
2.3 Abmelden	15
2.4 Transaktionscodes und Modi	16
2.5 Feldhilfe und Eingabemöglichkeiten	17
2.6 Suche von Datensätzen mit Hilfe eines Matchcodes	19
2.7 Feldvorbelegungen mit Hilfe von Parameter-ID´s	21
Raum für Ihre Notizen	21
3. SAP ERP (R/3®) Hintergrundwissen und Fallstudien	*22*

3.1 Hintergrundwissen:	Kundenstamm anlegen	22
3.2 Fallstudie 1:	Kundenstamm anlegen	35
3.3 Hintergrundwissen:	Materialstämme anlegen	38
3.4 Fallstudie 2:	Materialstämme anlegen	47
3.5 Hintergrundwissen:	Lieferantenstammsatz und Einkaufsinfosatz anlegen	60
3.6 Fallstudie 3:	Lieferantenstammsatz und Einkaufsinfosatz anlegen	77
3.7 Hintergrundwissen:	Arbeitsplatz anlegen	82
3.8 Fallstudie 4:	Arbeitsplatz anlegen	86
3.9 Hintergrundwissen:	Arbeitsplan anlegen	89
3.10 Fallstudie 5:	Arbeitsplan anlegen	94
3.11 Hintergrundwissen:	Material- und Vertriebsstückliste anlegen	98
3.12 Fallstudie 6:	Material- und Vertriebsstückliste anlegen	106
3.13 Hintergrundwissen:	Kundenauftrag anlegen	109
3.14 Fallstudie 7:	Kundenauftrag anlegen	132
3.15 Hintergrundwissen:	Bestellanforderung/ Bestellung anlegen	140
3.16 Fallstudie 8:	Bestellanforderung/ Bestellung anlegen	147

3.17 Hintergrundwissen:	Wareneingang, Rechnungseingang und Zahlungsausgang buchen	150
3.18 Fallstudie 9:	Wareneingang, Rechnungseingang und Zahlungsausgang buchen	156
3.19 Hintergrundwissen:	Fertigungsauftragsbearbeitung	162
3.20 Fallstudie 10:	Fertigungsauftragsbearbeitung	168
3.21 Hintergrundwissen:	Lieferung anlegen	175
3.22 Fallstudie 11:	Lieferung anlegen	187
3.23 Hintergrundwissen:	Rechnung anlegen, Rechnungsausgleich	191
3.24 Fallstudie 12:	Rechnung anlegen, Rechnungsausgleich	199
Zusammenfassung:	Menüpfade und Transaktionen	203

Anhang

- Formular: Beleg- und Datenübersicht 212
- Stichwortverzeichnis 214

1.0 Einleitung

1.1 Methodisch-didaktischer Aufbau der Unterlage

Inhaltlich wird das Ziel verfolgt, einen kompletten Geschäftsvorgang vom Kundenauftrag bis zur Rechnungserstellung inklusive der benötigten Stammdaten (Kunden, Lieferanten; Materialien etc.) mit Hilfe von SAP R/3®, innerhalb der von SAP gepflegten Modellunternehmung IDES abzubilden.
Gezeigt wird eine typische Wertschöpfungskette eines auftragsbezogenen Montagefertigers, der nach Auftrag eines gewerblichen Kunden eine größere Anza hl eines Komplett-Personal Computers fertigt, ausliefert und in Rechnung stellt. Die Komponenten dieses PC (s. folgende Abbildung) werden von den Lernenden als Materialstämme im System angelegt und in einer speziellen Stückliste verwaltet.

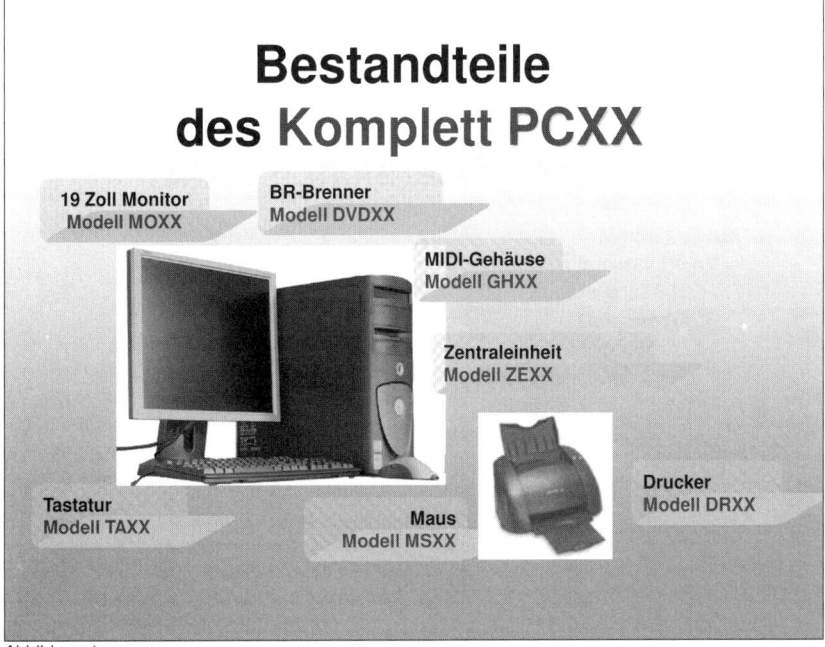

Abbildung 1

Das vorliegende Arbeitsbuch ist handlungsorientiert aufgebaut. Es hat Fallstudien- bzw. Übungscharakter und zeigt dem Anwender sehr anschaulich und Schritt für Schritt, wie er eine bestimmte Aufgabenstellung im SAP-System abbilden kann. Ein kompletter Geschäftsprozess wird dargestellt und kann innerhalb der von der SAP AG ausgelieferten Modellunternehmung abgebildet werden. Die einzelnen Fallstudien werden durch die Beschreibung des notwendigen SAP-spezifischen Hintergrundwissens vorbereitet bzw. begleitet. Dieses SAP Hintergrundwissen wurde thematisch bewusst breit angelegt und bezieht sich nicht nur auf die anschließenden SAP-Fallstudien, sondern beschreibt teilweise auch fallstudienunabhängig einzelne Module und Komponenten in übersichtlicher Weise. Zahlreiche Abbildungen sollen hier das Verständnis für die doch recht komplexe Software erleichtern. Um die Fallstudienarbeit am System vorzubereiten bzw. zu vereinfachen, wurde den Fallstudien eine kurze Einführung in die Bedienung der R/3 Software vorangestellt.

Die wichtigsten der im Rahmen der Fallstudien erstellten Belege sollten zum Zweck der Übersicht in die Beleg- und Datenübersicht (s.S.203) eingetragen werden

1.2 Die Fallstudienübersicht

Die folgende Abbildung zeigt die Inhalte und die Reihenfolge der abzubildenden Fallstudien in einer Übersicht. Es wird hierbei in die SAP-Module MM (Materialwirtschaft); PP (Produktionsplanung und –steuerung), das Modul SD (Vertrieb) und FI (Finanzbuchhaltung) verzweigt. Der Schwerpunkt liegt in der Beschäftigung mit den Funktionalitäten des Moduls SD.

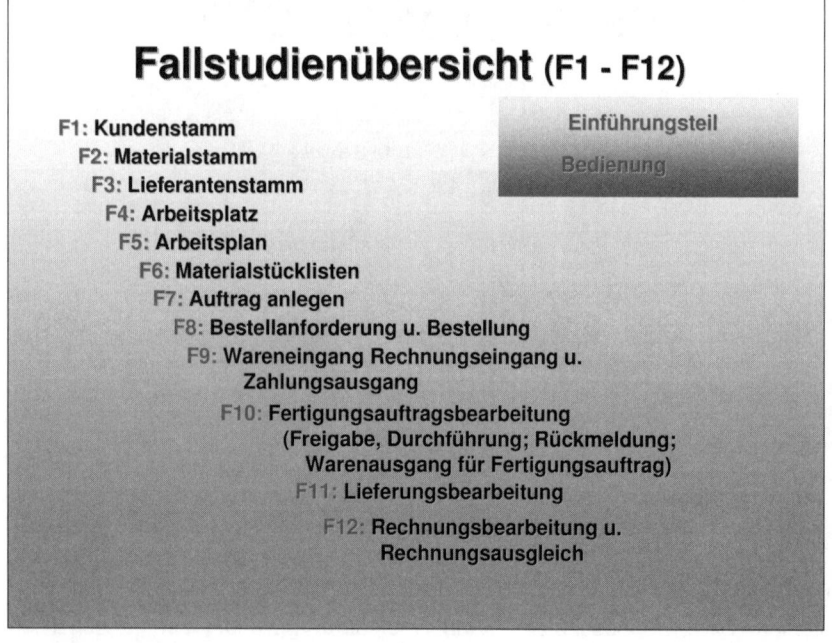

Abbildung 2 © Körsgen

1.3 Stammdatenerstellung und Wertschöpfungskette

Die für die Darstellung der Wertschöpfungskette notwendigen Stammdaten (Kunden, Materialien, Lieferanten, Arbeitspläne, Stücklisten etc.) sollen von den Studierenden selber angelegt werden. Nur so kann später im Rahmen der operativen Abläufe der Einfluss dieser Datensätze vermittelt werden. Eine Übersicht über die anzulegenden Stammdaten und den sich daran anschließenden modulübergreifenden Geschäftsprozess zeigt die folgende Abbildung.

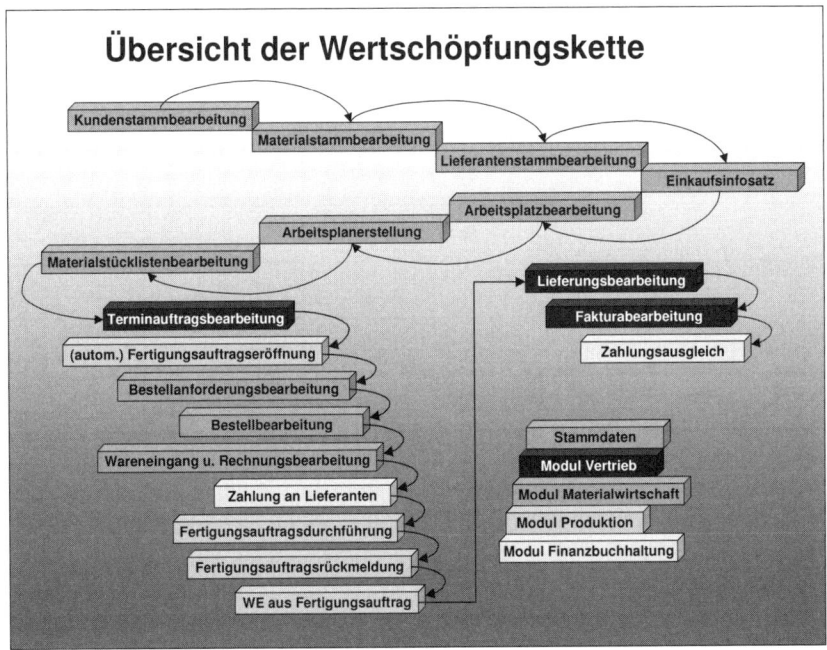

Abbildung 3 © Körsgen

1.4 Zielgruppen

Das Buch wendet sich an vor allem an Seminar- und sonstige Bildungsanbieter. Außerdem richtet es sich an „SAP ERP (R/3)-Neulinge", die sich insbesondere mit betriebswirtschaftlicher Standardsoftware beschäftigen. Die vorliegende Unterlage wurde speziell für die Zielgruppe Studierender der Fachrichtungen Betriebswirtschaft und Wirtschaftsinformatik im Grund- und Hauptstudium konzipiert. Sie eignet sich nach unseren Erfahrungen aber auch für andere Zielgruppen, wie beispielsweise (Junior-) SAP-Berater in einer Einarbeitungsphase.

Raum für Ihre Notizen:

2.0 SAP ERP R/3® Bedienung (Grundlagen)

2.1 Systemstart (Anmelden)

Im Folgenden werden die Begriffe erläutert:
Systemstart, Kennwortvergabe, Benutzungsoberfläche, Transaktionscodes und Modi, Feldhilfe und Eingabemöglichkeiten, Suche von Datensätzen mit Hilfe eines Matchcodes, Feldvorbelegungen mit Hilfe von Parameter-ID´s, Abmelden.

So starten Sie das R/3 System:

Stellen Sie zunächst sicher, dass Ihr Systemadministrator Ihnen ein Initialkennwort und einen Benutzernamen zusammen mit einer Mandantennummer zugeordnet hat. Außerdem sollten Sie sämtliche Berechtigungen für die Anwendungen Logistik und Rechnungswesen haben.

Das Initialkennwort muss bei der ersten Anmeldung vom Benutzer eingegeben und sodann durch ein individuelles ersetzt werden. Später kann das Kennwort jederzeit vom Benutzer geändert werden oder, falls dieser es vergessen hat, kann der Systemverwalter ein neues Initialkennwort setzen. Beachten Sie die (wichtigsten) Regeln zur Kennwortsetzung:

- mindestens drei, höchstens acht Zeichen
- keines der letzen fünf Kennwörter
- keine drei aufeinanderfolgenden Zeichen aus dem Benutzernamen
- Nicht den Ausdruck *pass* verwenden
- keine Sonder- oder Leerzeichen verwenden
- das Kennwort nicht mit drei gleichen Zeichen beginnen lassen

Groß- und Kleinschreibung wird nicht unterschieden.

So melden Sie sich an:

Starten Sie das Login-Fenster für die SAP-Anwendung. Wählen Sie das Ihnen zugeteilte System _____.

Sie gelangen auf den Anmeldebildschirm:

Geben Sie hier *Mandant*, *Benutzerkennung* und *Kennwort* ein. Wenn Sie das Feld Sprache frei lassen, ist die deutsche Sprachfassung (=D) Standard.

Springen Sie von Feld zu Feld mit der Tabulator-Taste. Mit der Tastenkombination Shift + TAB bzw. mit den Pfeiltasten können Sie zurückspringen.

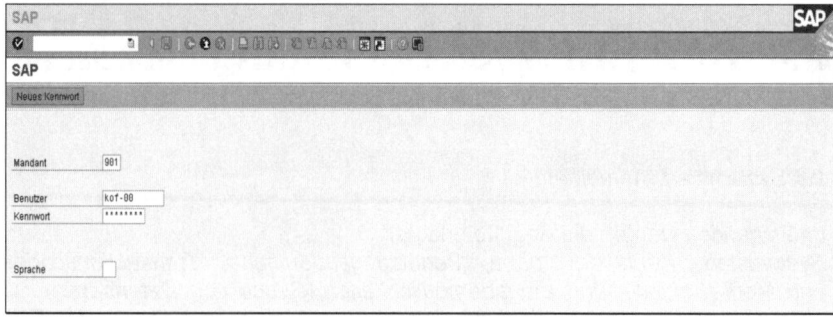

© SAP AG

Beim erstmaligen Anmelden erscheint folgendes Fenster:

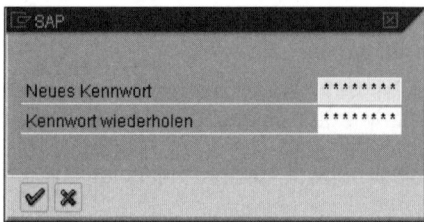

© SAP AG

Geben Sie Ihr neues Kennwort ein, drücken Sie die Tab-Taste und wiederholen die Eingabe. Drücken Sie dann den Button *Übernehmen*. Übergehen Sie das folgende Copyrightfenster mit dem Button *Weiter*.

Falls Sie mit dem IDES-System arbeiten, bekommen Sie in einem separaten Fenster eine Willkommensmeldung. Drücken Sie hier den Button *Enter*.

2.2 Elemente der Bedienoberfläche

Sie gelangen in den SAP R/3© ECC Eingangsbildschirm *EASY ACCESS*:

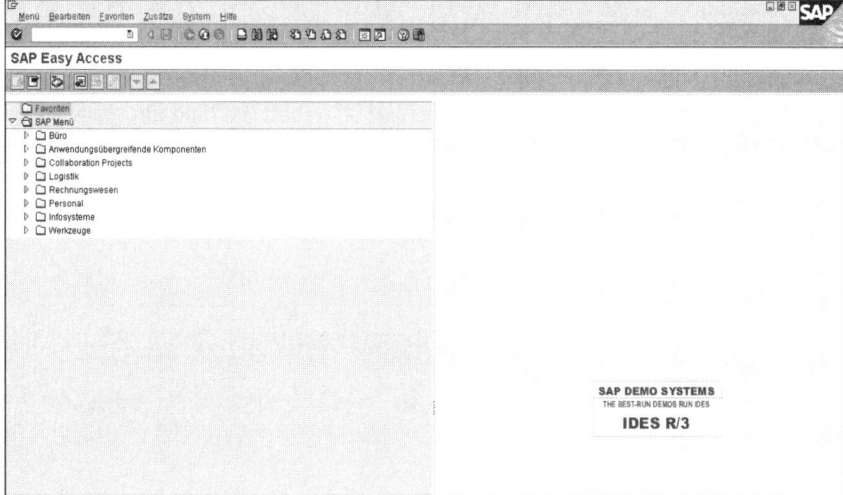

© SAP AG

In der Systemfunktionsleiste finden Sie folgende zentrale Icons:

❷ (auch ✔)	entspricht der *Enter*-Taste und bestätigt Eingaben
🖫	sichert Ihre Eingaben der aktuellen Maske/Transaktion
◉	entspricht der *ESC*-Taste und führt Sie zur vorherigen Maske
◎	beendet die aktuelle Transaktion
❽ (auch ✖)	bricht den Vorgang ab (in Notfällen oder bei Systemproblemen)

Die Menüpunkte System Hilfe sind übrigens auf allen Bildern (Masken) anwählbar.

2.3 Abmelden

So melden Sie sich ab:

Wählen Sie: *System / Abmelden*

2.4 Transaktionscodes und Modi

Sie können an (fast) jede Stelle der Software über sogenannte mehrstellige, alphanumerische Transaktionscodes gelangen. Diese sind im Transaktionseingabefeld (s. nächste Abbildung) einzugeben:

Wenn Sie ein zusätzliches Fenster (SAP spricht von Modi) zum bereits bestehenden öffnen wollen, stellen Sie ein /o vor den Transaktionscode.

Wollen Sie das bestehende Fenster schließen geben Sie bitte ein /n (+ Transaktionscode) ein.

Beispiel: Geben Sie ein: /oVA01. Drücken Sie die Enter-Taste oder den Enter-Button und Sie gelangen zum Beginn der Auftragserfassung in der Komponente *Verkauf*: Ergebnis:

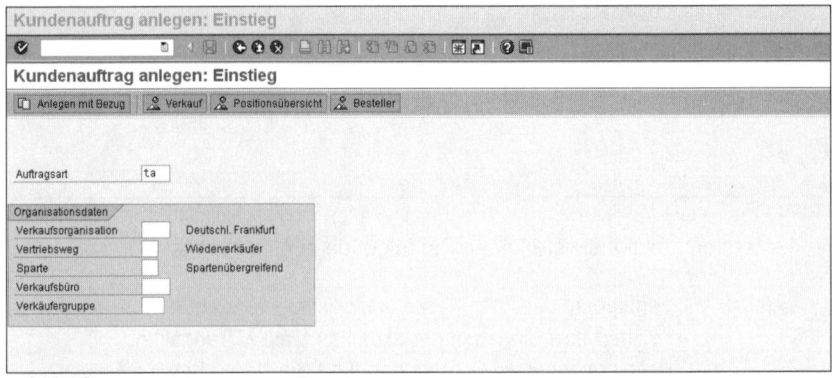

© SAP AG

Sie gelangen mit dem Transaktionscode */oS000* (übrigens ist die Groß- und Kleinschreibung hierbei nicht zu beachten) zurück auf den Eingangsbildschirm.

Durch die Eingabe von */o* vor dem eigentlichen Transaktionscode bewirken Sie, dass die vorherige Maske weiter (im Hintergrund geöffnet bleibt). Sie können bis zu sieben Transaktionscodes gleichzeitig geöffnet haben. Das System wird dann allerdings (etwas) langsamer.

Mit der Tastenkombination *ALT+TAB* können Sie zwischen den einzelnen Modi hin- und herspringen.

Über den Menüpunkt: *System/ Erzeugen Modus* können Sie Modi auch erzeugen oder löschen. Probieren Sie diese Funktionen jetzt einmal intensiv aus.

Wichtig: Damit die Transaktionscodes in SAP Menüpfaden angezeigt werden aktivieren Sie bitte: Zusätze/ Einstellungen/ Technische Namen anzeigen.

2.5 Feldhilfe und Eingabemöglichkeiten

Rufen Sie die Auftragserfassung mit dem Transaktionscode Code *VA01* ausgehend vom Easy Access Menü auf. Falls Sie hier ein bestimmtes *Feld* näher erläutert haben wollen, klicken Sie es bitte an (es erscheint ein punktierter Rahmen) und drücken *die F1- (Hilfe)Taste*. Tun Sie dies beispielhaft für das Feld *Auftragsart*:

© SAP AG

Schließen Sie die Feldhilfe mit der Abbrechen-Taste ⊠ .

Eingabemöglichkeiten:

Um sich die *möglichen Eingabewerte* zu einem bestimmten Feld (z.B. erlaubte *Vertriebswege in der Verkaufsorganisation 1000)* anzeigen zu lassen, geben Sie im Feld Verkaufsorganisation den Wert 1000 ein und klicken anschließend bitte das (noch) leere Feld Vertriebsweg an. Klicken Sie dann mit der linken Maustaste auf den Button ⊡ . Alternativ können Sie die *F4-Taste* betätigen. Ergebnis:

Bedienung

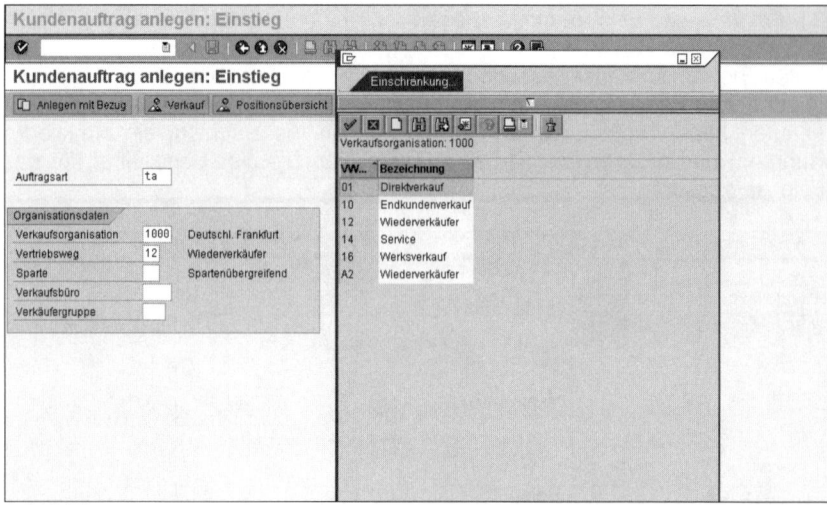

© SAP AG

Schließen Sie das Fenster der Eingabemöglichkeiten mit der *F12-Taste* oder dem *Schließen* ☒ Button.

Drücken Sie die Enter-Taste. Sie gelangen auf die Maske *Terminauftrag anlegen: Übersicht*

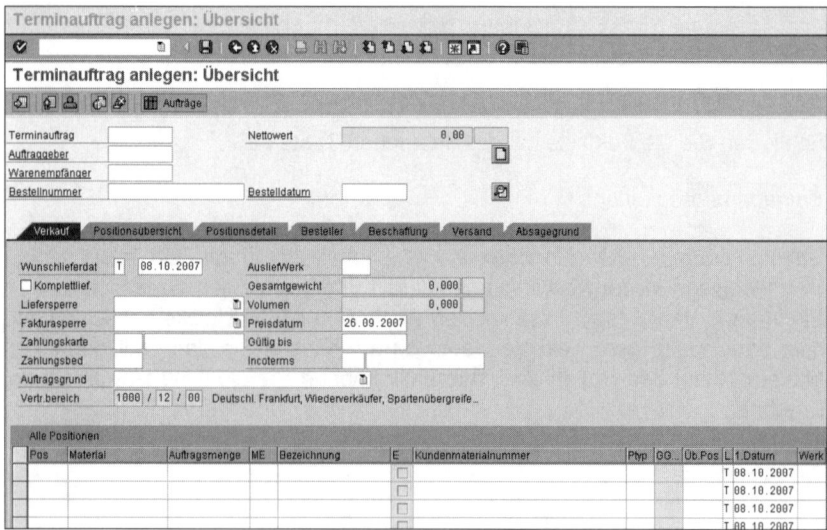

© SAP AG

2.6 Suche von Datensätzen mit Hilfe eines Matchcodes

Mit so genannten Matchcodes können bestimmte Stammdaten anhand spezieller Suchkriterien gefunden werden. Jeder Matchcode besteht aus einer Reihe von Suchbegriffen, die in einer bestimmten Reihenfolge angeordnet sind und besitzt eine eigene Kennung (z.B. *Matchcode- ID A= Debitoren Allgemein*). Matchcodefähige Felder sind durch einen entsprechenden Button `Auftraggeber` im Eingabefeld gekennzeichnet.

Beispielhaft wollen wir im Rahmen der Auftragserfassung im Vertrieb alle Kunden suchen, die *Becker* heißen.

Klicken Sie bitte das Feld *Auftraggeber* und anschließend den *Button* an. Es erscheint folgendes Fenster:

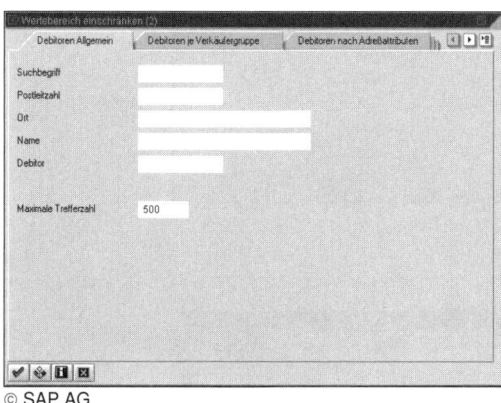
© SAP AG

Geben Sie nun im Feld *Suchbegriff* den Suchbegriff *Becker** ein und drücken Sie den Enter-Button. Ergebnis:

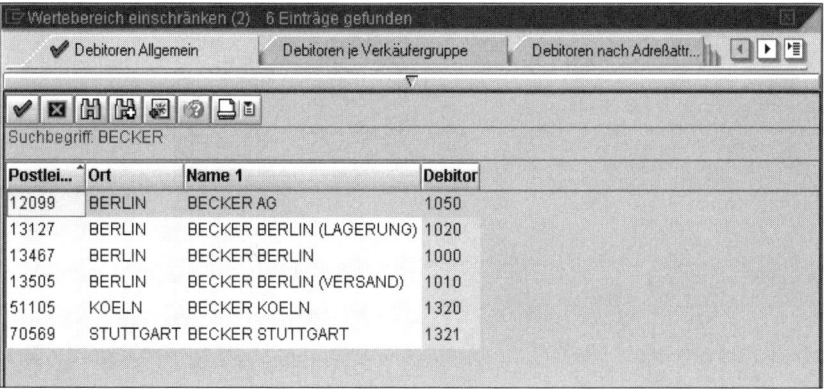
© SAP AG

Die Auswahl eines bestimmten Kunden erfolgt durch einen *Doppelklick* in der entsprechenden Zeile der Ergebnisliste.

Aufgabe: Setzen Sie den Cursor mit der Maus in das Feld *Material* und suchen Sie in gleicher Weise wie bei der bereits beschriebenen Kundensuche alle Materialien, deren *Materialkurztext* die Zeichenkette *PC* enthält.

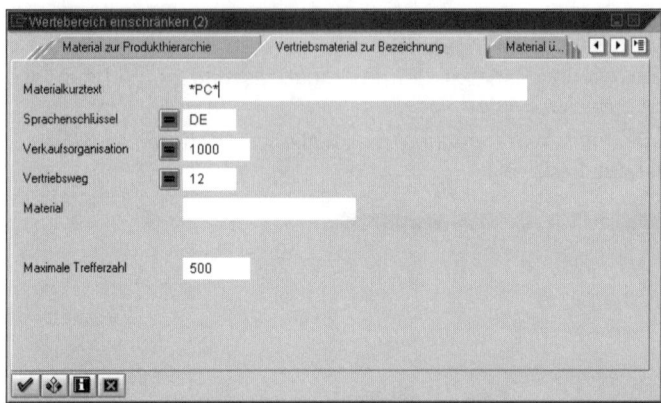

© SAP AG

Ergebnis:

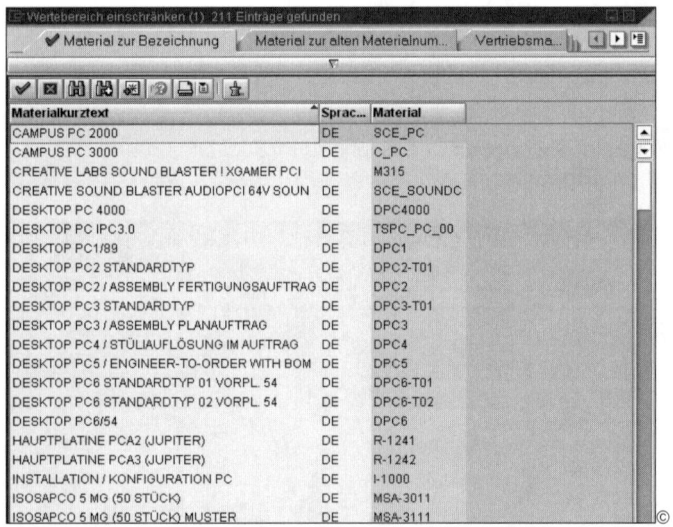

© SAP AG

Probieren Sie anschließend die Suchfunktionen nun auch an selbst gewählten Beispielen intensiv aus.

2.7 Benutzerspezifische Feldvorgaben:

Bestimmte, im folgenden immer wieder gebrauchte Feldeinträge können auch vorbelegt werden. Machen Sie deshalb unter Sytem/ Benutzervorgaben/ Eigene Daten/ Register: Parameter (TA Code SU3) folgende Einträge:

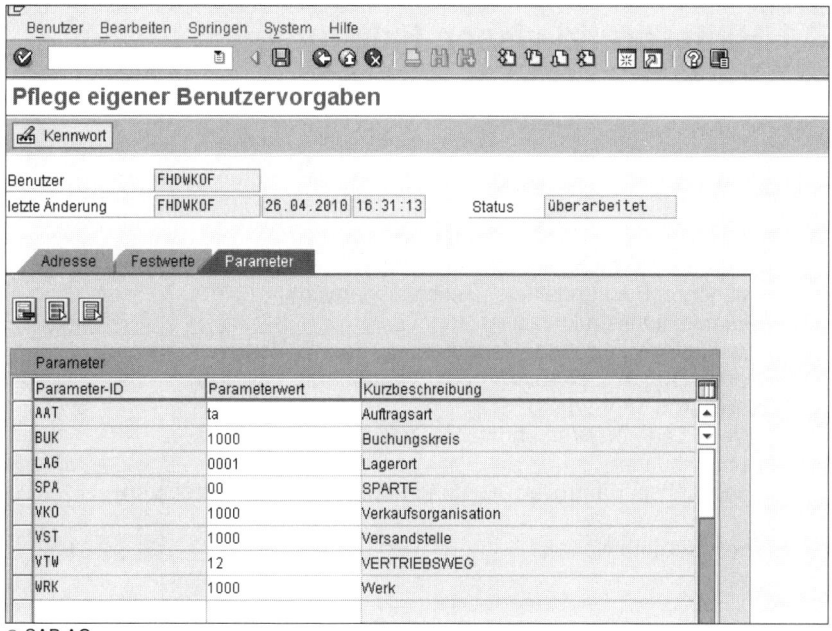

© SAP AG

Sichern Sie die Einträge.

Raum für Ihre Notizen:

___

___

___

___

___

___

Teil 3: SAP ERP R/3®
Hintergrundwissen und Fallstudien

3.1 Hintergrundwissen Fallstudie 1:
Kundenstamm anlegen

Inhalt:

3.1.1. Übergeordnete Organisationsstrukturen 23
     (Mandant, Buchungskreis, Geschäftsbereich)
3.1.2 Organisationsstrukturen im Vertrieb 24
     (Verkaufsorganisation, Vertriebsweg, Sparte, Vertriebsbereich,
     Verkaufsbüro, Verkäufergruppe/ Verkäufer)
3.1.3 Strukturen im Versand 27
     (Werk, Lagerort, Versandstelle, Ladestelle)
3.1.4 Kundenstamm 30
     (Geschäftspartnerrollen, Kontengruppen, Auftraggeberstamm)

     Raum für Ihre Notizen 34

3.1.1 Übergeordnete Organisationsstrukturen (Mandant, Buchungskreis, Geschäftsbereich)

Jedes Unternehmen verfügt über individuelle Organisationsstrukturen. Alle Strukturen, die für Kundenstammanlage und für die Vertriebsabwicklung notwendig sind, von der Auftragserteilung, Lieferung der Ware und Fakturierung, müssen im Customizing hinterlegt sein. Das R/3-System verfügt über eine enorme Flexibilität, um auch komplexe Unternehmensstrukturen darstellen zu können. Im Folgenden werden die notwendigen Elemente des dem R/3 System zugrundeliegenden Organisationsmodells beschrieben und an Beispielen verdeutlicht. Neben den vertriebsspezifischen Organisationselementen werden zum besseren Verständnis auch die dem Vertrieb übergeordneten Strukturen wie Mandant, Buchungskreis und Geschäftsbereich beschrieben. Aufgrund des hohen Integrationsgrades des Vertriebs mit der Materialwirtschaft werden auch die Elemente Werk, Versand- und Ladestelle erläutert.

Mandant
Der Mandant stellt *die oberste organisatorische Einheit* in einem SAP-System dar. Ein *Konzern* kann beispielsweise durch einen Mandanten abgebildet werden. Für alle in einem Mandanten abgebildeten Organisationseinheiten gibt es eine gemeinsame betriebswirtschaftliche Steuerung. Auf Mandantenebene findet ebenso die Festlegung der verwendeten Kontenrahmen (z.B. GKR oder IKR) statt.

Buchungskreis
Jeder Buchungskreis entspricht einer (Tochter-) Unternehmung im Sinne einer selbständig bilanzierenden und damit rechtlich von einem anderen Buchungskreis unabhängigen Einheit. Mehrere Buchungskreise können den gleichen Kontenrahmen nutzen.

Geschäftsbereich
Ein Geschäftsbereich ist eine organisatorisch gesondert zu betrachtende Einheit, über die eine interne Bilanz und G&V erstellt werden kann. Geschäftsbereiche sind buchungskreisübergreifend definiert. Pro Buchungskreis wird festgelegt, ob eine Geschäftsbereichsabwicklung obligatorisch ist. Bei den Buchungen aus dem Vertrieb heraus kann der Geschäftsbereich automatisch abgeleitet werden. Im Customizing werden die Geschäftsbereiche im Modul Finanzwirtschaft (FI) angelegt. Den Geschäftsbereichen werden dann später weitere Elemente (Werke /Sparten bzw. Vertriebsbereiche) zugeordnet. Geschäftsvorfälle können dann automatisch auf den entsprechenden Erlöskonten und gleichzeitig auf den passenden Geschäftsbereich gebucht werden.

3.1.2 Organisationsstrukturen im Vertrieb

Verkaufsorganisation
Die Organisation im Vertrieb ist hierarchisch so gegliedert, dass sich komplexe Strukturen, wie sie der Markt erfordert, abbilden lassen. Eine Verkaufsorganisation bildet ein wichtiges Element im Vertrieb und steht für eine verkaufende Einheit, die für die Produkthaftung und eventuelle Regressansprüche der Kunden zuständig ist. Sie wird häufig für eine geographische Differenzierung des Vertriebs (Verkaufsorganisation West; Verkaufsorganisation Ost etc.) genutzt. Eine entsprechende Adresse kann im Customizing hinterlegt werden. Geschäftsvorfälle im Vertrieb, z.B. die Auftragsabwicklung werden immer unter Nennung der zugeordneten Verkaufsorganisation abgewickelt. Eine Verkaufsorganisation ist stets einem Buchungskreis zugeordnet. Auf der Ebene der Verkaufsorganisation können im Zusammenspiel mit den Elementen Vertriebsweg und Sparte eigene Stammdaten definiert oder etwa spezielle Preise festgelegt werden.

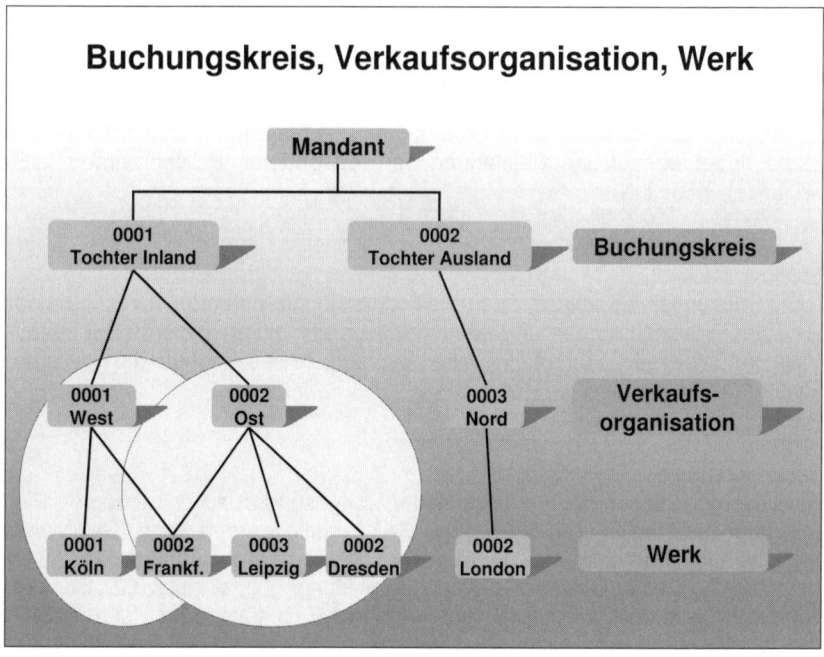

Abbildung 4

Vertriebsweg
Vertriebswege definieren bestimmte Vertriebskanäle (= Absatzschienen oder Absatzwege). Vertriebswege können z. B. für den Großhandel, Einzelhandel, Industriekunden oder den Direktverkauf ab Werk gebildet werden. Ein Vertriebsweg wird einer oder mehreren Verkaufsorganisationen zugeordnet. Ein Kunde kann auch über mehrere Vertriebswege (z.b. als Groß- bzw. Einzelhandelskunde) innerhalb einer Verkaufsorganisationen beliefert werden, wobei abweichende Konditionen und Stammdaten herangezogen werden können. Die Preise, die Mindestauftrags- oder Mindestliefermengen, oder das Auslieferungswerk können sich je Verkaufsorganisation und Vertriebsweg unterscheiden.

Sparte
Sparten dienen dem Ziel, ein breites Produktspektrum betriebswirtschaftlich differenziert anzubieten Jeder Sparte können kundenindividuelle Absprachen zugeordnet werden, z. B. über Teillieferungen, über Preise und Zahlungsbedingungen. Die Sparte wird der Verkaufsorganisation und den Vertriebswegen zugeordnet. Jedes Material gehört immer genau zu einer Sparte. Spartenspezifisch können statistische Auswertungen mit dem Zweck der optimierten vertrieblichen Planung und Steuerung durchgeführt werden. Die Sparte hat modulübergreifenden Charakter innerhalb der Logistikmodule. Sie ist im Vertrieb ein Schlüsselfeld mit steuerndem Charakter und im MM ein Datenfeld im Materialstamm.

Vertriebsbereiche
Eine spezifische Kombination aus einer Verkaufsorganisation, einem Vertriebsweg und einer Sparte wird als *Vertriebsbereich* definiert. (z. B. Vertriebsbereich 1 = Verkaufsorganisation West, Vertriebsweg Großhandel und Sparte Aluleitern).

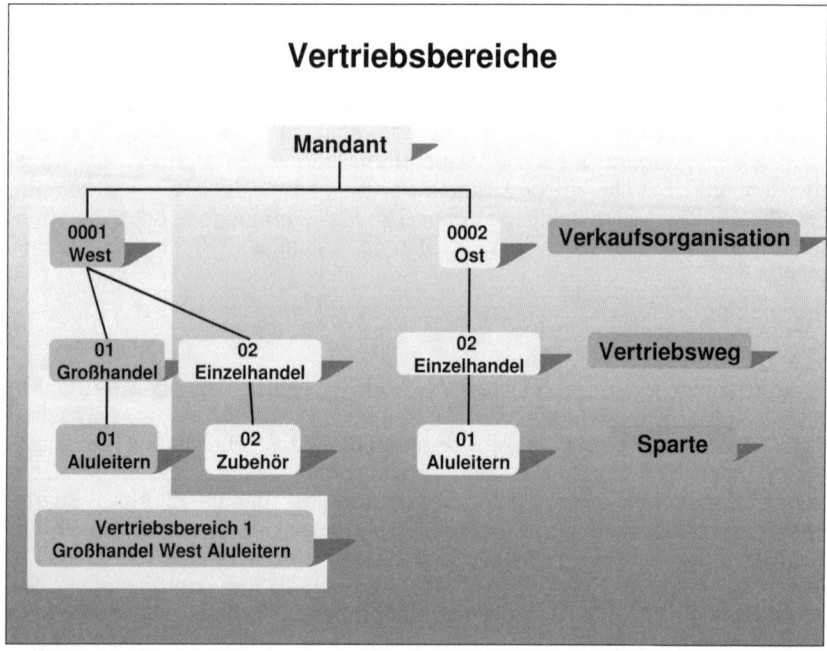

Abbildung 5

Verkaufsbüro
Ein Verkaufsbüro kann unter räumlichem Aspekten als eine Niederlassung oder Filiale verstanden werden; quasi als die „standörtliche Fixierung" des Verkaufs. Die Verkaufsbüros werden den einzelnen Vertriebsbereichen zugeordnet. Eine entsprechende Adresse wird im Customizing hinterlegt. Die Angabe eines Verkaufsbüros bei der Erfassung eines Kundenauftrags ist allerdings optional.

Verkäufergruppe/ Verkäufer
Ein Verkaufsbüro kann aus einer oder mehreren Verkäufergruppen bestehen. Verkäufergruppen können einzelne Abteilungen bilden. Es lassen sich beispielsweise auch Verkäufergruppen für einzelne Produktgruppen oder Sparten einrichten. Eine Verkäufergruppe setzt sich aus einer bestimmten Anzahl von Verkäufern zusammen. Ein Verkäufer wird seiner Verkäufergruppe und seinem Verkaufsbüro über seinen Personalstammsatz zugeordnet.

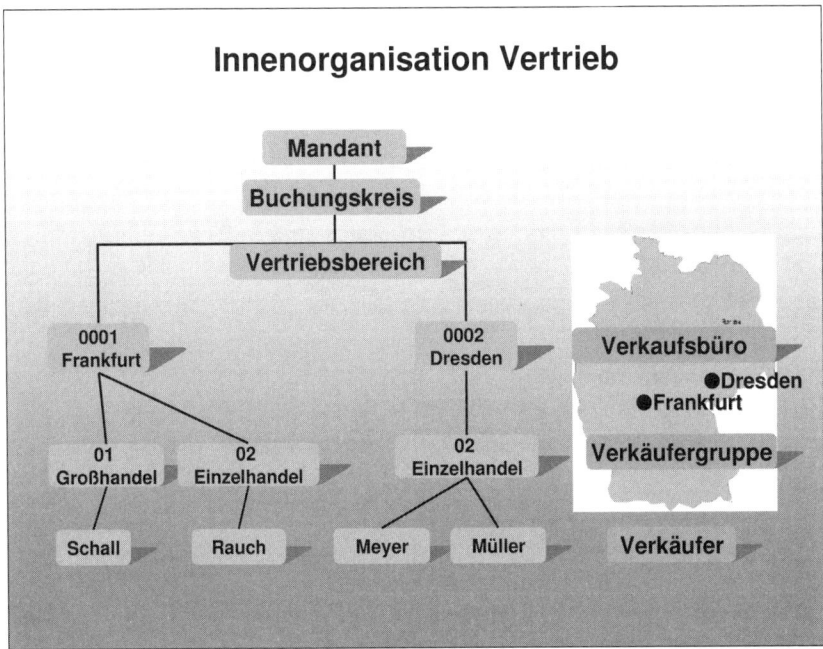

Abbildung 6

3.1.3 Strukturen im Versand

Im Versand wird die physische Distribution der Waren aus einem Werk (Lager) vorgenommen. Die Materialwirtschaft plant und realisiert vor allem den Materialfluss eines Unternehmens. Zu diesem Zweck werden hier die Produktions- und Lagerstätten im System abgebildet. Dies erfolgt durch Werke und Lagerorte.

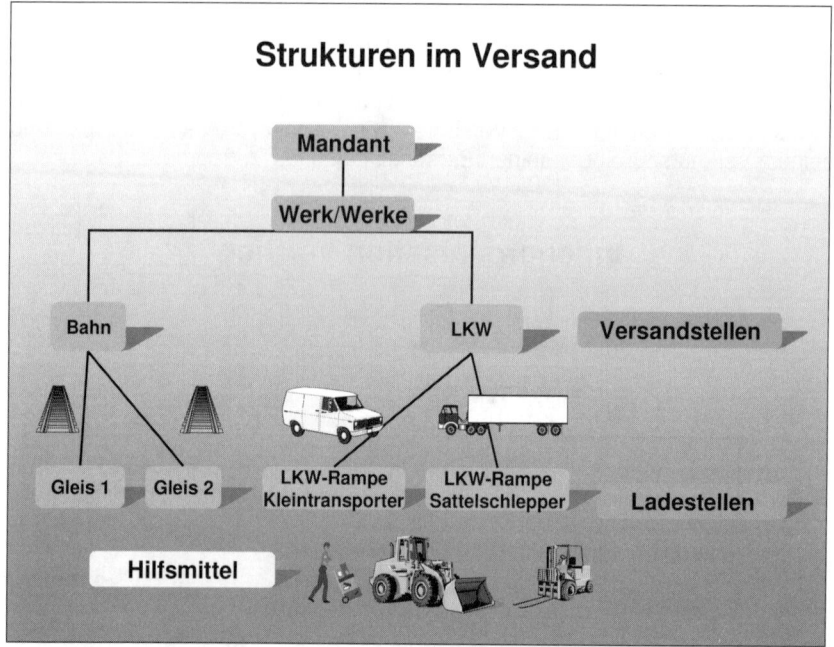

Abbildung 7

Werk

Ein Werk repräsentiert eine Betriebsstätte für Produktion und Disposition oder zumindest eine Zusammenfassung eines oder mehrerer räumlich nahe zusammenliegender Orte mit Materialbestand, den Lagerorten. Jedes Werk ist einem Buchungskreis zugeordnet, so dass die bewerteten Bestände eindeutig den einzelnen Firmen zugeordnet werden können.

Lagerort

Der Lagerort ist ein eindeutig definierter Ort, an dem Materialien innerhalb eines Werkes gelagert werden. Alle Lagerorte sind einem Werk zugeordnet. Lagerorte repräsentieren Lagerstellen oder Lagerräume von Materialien. Auf Lagerortebene kann eine separate Bestandsführung erfolgen.

Versandstelle

Innerhalb der Versandstellen erfolgt die Bearbeitung der Lieferungen für ein oder mehrere Werke. Eine Lieferung an einen Kunden oder zwischen zwei Lagern findet also immer von einer Versandstelle aus statt. Sie ist die oberste organisatorische Einheit im Versand. Versandstellen können auch für mehrere Werke tätig werden, wenn diese räumlich nahe beieinander liegen („Werksübergreifende Versandstellen"). Das R/3-System verfügt über eine automatische Versandstellenermittlung. Die folgende Abbildung zeigt, welche Kriterien hierbei von Bedeutung sind:

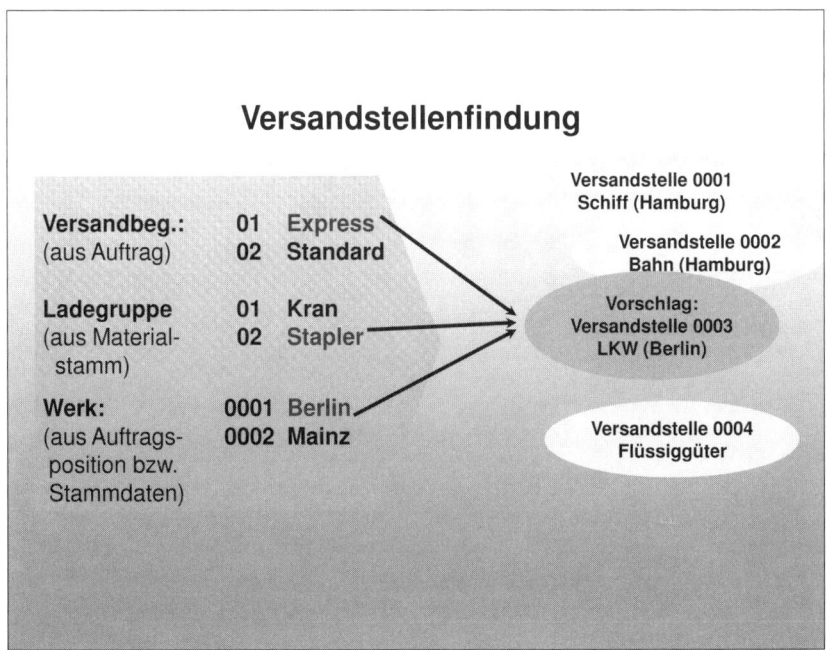

Abbildung 8

Ladestelle

Eine Versandstelle kann in mehrere Ladestellen untergliedert sein. Die Ladestellen können z.B. nach eingesetzten Transportmitteln unterteilt werden (z.B. Ladestelle 1 für Kleintransporter; Ladestelle 2 für LKW). Die Ladestelle kann manuell im Lieferungskopf angegeben werden. Die nachfolgende Abbildung verdeutlicht abschließend den Gesamtzusammenhang der für den Vertrieb relevanten Organisationseinheiten:

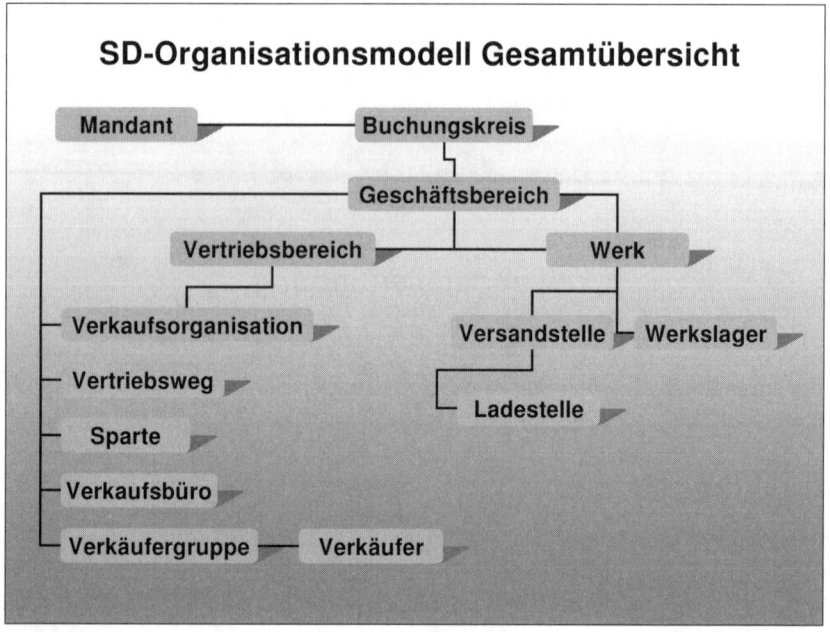

Abbildung 9

3.1.4 Kundenstamm (Debitorenstamm)

Geschäftspartnerrollen

Im Modul SD Vertrieb versteht man unter Geschäftspartnern natürliche oder juristische Personen, die in irgendeiner Weise an einem Geschäft beteiligt sind.

Im System können neben den *Kundenpartnerrollen* (= Auftraggeber, Rechnungsempfänger, Regulierer und Warenempfänger) weitere Partnerrollen im Customizing definiert und dann im Kundenstamm hinterlegt werden. Z. B. die Geschäftspartnerrolle Lieferant, bei dem Waren oder Dienstleistungen bestellt werden sollen oder etwa die Partnerrolle des Spediteurs, der für den Transport der Ware zu einem bestimmten Kunden zuständig sein soll. Man kann auch über die Partnerrollen einem Kunden zwei oder mehr Warenempfänger zuordnen. So wäre es beispielsweise denkbar, dass bestellte Ware entweder zur Adresse einer Hauptverwaltung geliefert wird, oder zur Adresse einer Niederlassung/Filiale oder eines Zentrallagers.

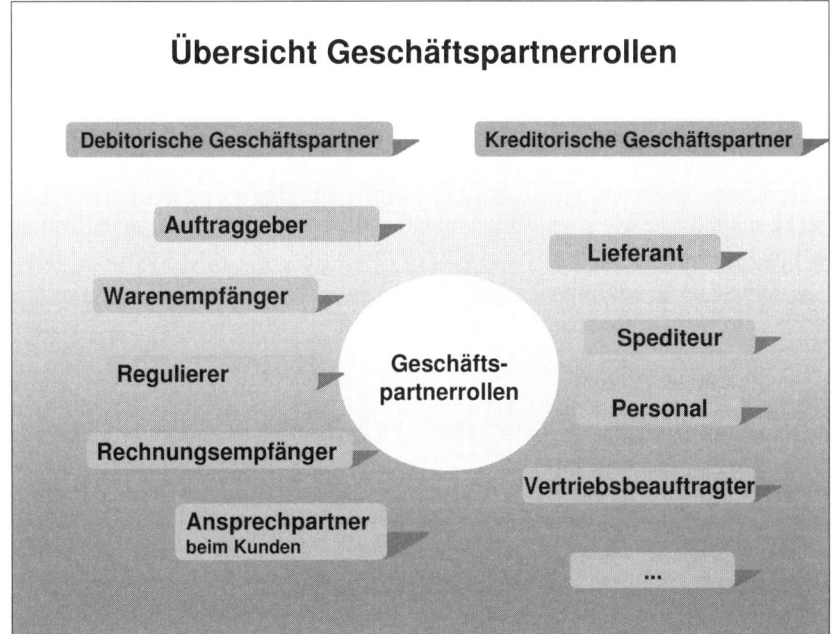

Abbildung 10

Aber auch eigenen Mitarbeitern kann die Rolle des zuständigen Sachbearbeiters oder des Vertriebsbeauftragten für einen Kunden zugeordnet sein. Diese Mitarbeiter werden anhand ihrer Personal(stamm)nummer, die im Modul Personalwirtschaft (HR) angelegt wird, dem jeweiligen Kunden zugeordnet. Jede Rolle erfordert ihre spezifische Zuordnung im Kundenstammsatz und im Customizing. Während der Auftragsbearbeitung können die Geschäftspartnerrollen dann automatisch vorgeschlagen werden.

Beim Anlegen der Stammsätze wird jedem Geschäftspartner eine eigene Kontengruppe zugewiesen, die seine Rolle als Auftraggeber, Warenempfänger etc. festlegt.

Kontengruppen

Über die Angabe einer sogenannten *Kontengruppe* wird gesteuert, welche *Erfassungsmasken* und welche *Felder* innerhalb der Erfassungsmasken angezeigt werden. In Customizing können später die Kontengruppen kundenspezifisch erweitert bzw. angepasst werden. Über die Kontengruppe wird auch gesteuert, welche *Nachrichten* zulässig sind und ob die Kundennummer vom Anwender selbst *(externe Nummernvergabe)* oder vom System *(interne Nummernvergabe)* vergeben wird.

Kundenstamm

Kundenstammsätze können in unterschiedlicher Art und Weise angelegt bzw. bearbeitet werden. Man kann einen solchen Stammsatz (synonym: Debitorenstamm oder Auftraggeberstamm) *zentral* anlegen, d.h. alle Datensichten, inkl. der *Buchhaltungssichten* anlegen. Später, nach Abspeichern dieser Daten, kann man den Kundenstamm beliebig ändern, anzeigen, sperren oder etwa zum Löschen vormerken. Es ist auch möglich einen Kundenstamm ohne die entsprechenden Buchhaltungssichten anzulegen. Diese können dann später nachgepflegt werden. Der Kundenstammsatz kann unterschiedliche Sichten beinhalten, die im SAP-System in drei Themenbereichen strukturiert sind:

⇨ *Allgemeine Daten*

⇨ *Vertriebsdaten*

⇨ *Buchhaltungsdaten (nur bei zentraler Anlage)*

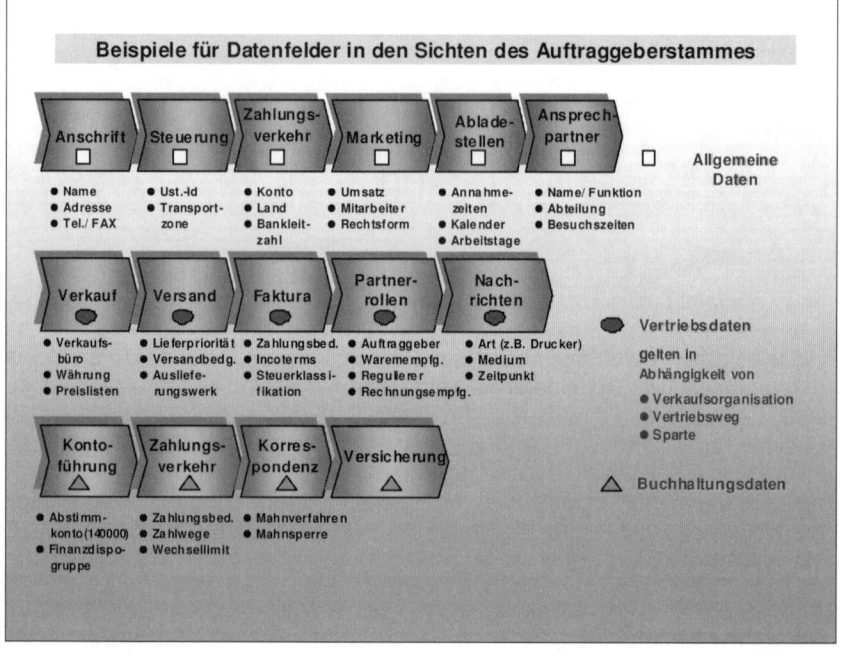

Abbildung 11

Hintergrundwissen zu Fallstudie 1: Kundenstamm anlegen

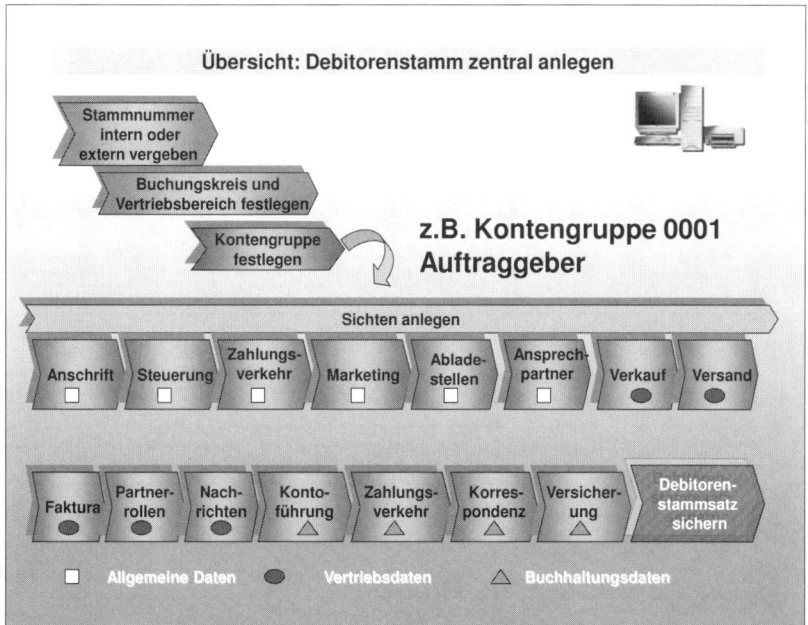

Abbildung 12

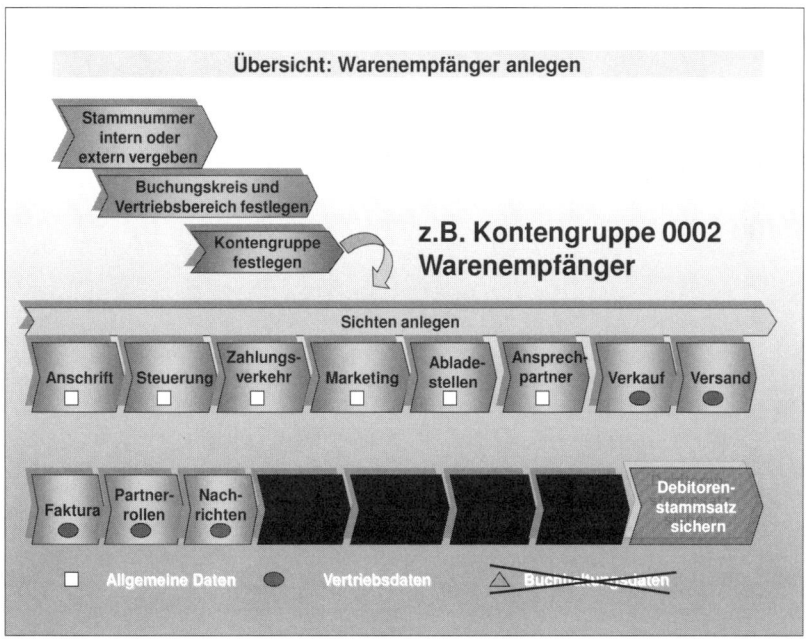

Abbildung 13

Raum für Ihre Notizen:

3.2 Fallstudie 1:
Kundenstamm anlegen

Aufgabe: Legen Sie bitte Ihren eigenen Kunden in Form eines Auftraggeberstammsatzes an. Dieser Kunde soll zu einem späteren Zeitpunkt als gewerblicher Nachfrager für den Komplett-PC XX auftreten. Die Vorgehensweise wird im Folgenden beschrieben.

Wählen Sie nun bitte folgenden Menüpfad:
Logistik ⇨ Vertrieb ⇨ Stammdaten ⇨ Geschäftspartner ⇨ Kunde ⇨ Anlegen ⇨ Anlegen gesamt (XD01):

⇨ *Kontengruppe: Debitor allgemein*
⇨ Debitor: KXX   (XX = Platzhalter, zu ersetzen durch Ihr pers. Kürzel)

Wichtig: Das „XX" im Stammsatz ist lediglich ein Platzhalter für Ihr persönliches Kürzel und ist z.b. durch ihr Namenskürzel (evtl. in Verbindung mit ihrer Studiengruppenbezeichnung) zu ersetzen. Jeder Teilnehmer legt hiermit seinen eigenen Stammsatz an.

⇨ Buchungskreis: 1000 Ides AG
⇨ Verkaufsorganisation: 1000 Deutschland Frankfurt
⇨ Vertriebsweg: 12   Wiederverkäufer
⇨ Sparte: 00   (Spartenübergreifend)

Drücken Sie die Enter-Taste. Pflegen Sie nun folgende Felder in den einzelnen Datenmasken (Sichten).

Hinweis: Bitte weichen Sie von den Vorlagedaten nicht ab!

Maske	Feld	Inhalt
Debitor anlegen: Allgemeine Daten		Nach Ihren Angaben
	Name	....
	Suchbegriff	....
	Straße/Hausnummer	....
	Postleitzahl/ Ort	(5stellig)/+Ortsangabe
	Land	DE
	Sprache	deutsch
	Telefon-1	....
		nächstes Bild mit Button 🗗
Steuerung	Ust-ID. Nr	DE123456789 🗗

Fallstudie 1: Kundenstamm anlegen

Zahlungsverkehr	Land Bankschlüssel (-leitzahl) Bankkonto	DE z.B. 10020030 (Dt. Bank) (nicht länger als 10 Zeichen)
Marketing	Jahresumsatz Mitarbeiter Geschäftsform	(frei wählbar)
Abladestellen	Abladestelle Kundenkalender Button Warenannahme- zeiten	(frei wählbar) 01 (Fabrikkalender BRD) manuell setzen od. Warenannahmezeiten- profil 001 (nur Wochen- tags) setzen 2x Enter Taste drücken
Exportdaten	Keine Eintragungen	
Ansprechpartner	Anrede Name Vorname Telefon-1 Abteilung Funktion	(frei wählbar)
(Buchungskreisdaten) Kontoführung	Abstimmkonto	140000 (Debitoren Forderungen – Inland)
Zahlungsverkehr	Keine Eintragungen	
Korrespondenz	Keine Eintragungen	
Versicherung/ Quellensteuer	Keine Eintragungen	
(Vertriebsbereichsdaten) Verkauf	Kundenbezirk Kundengruppe Preisgruppe Kundenschema StatGruppe Kunde	000003 (West) 02 (Handelskunden) 01 (Großabnehmer) 1 (Standard) 1 (statistikrelevant)
Versand	Versandbedingung Auslieferungswerk	02 Standard 1000 (Hamburg)
Fakturierung	Incoterms Zahlungsbedingungen Kontierungsgruppe Steuerklasse.	EXW (+ Ortsangabe) 0001 01 (Erlöse Inland) 1 (steuerpflichtig)
Partnerrollen	Auftraggeber Warenempfänger Regulierer Rechnungsempfänger	Unverändert (unter dem Schlüssel des Auftrag- gebers) übernehmen

Sichern Sie bitte abschließend Ihren neuen Kundenstammsatz. Gehen Sie *im Ändern-Modus* nochmals alle Sichten Ihres Kundenstammes durch.

Tragen Sie bitte den Kundenschlüssel in das Formular *Belegübersicht* (letzte Seite dieses Buches) ein!

Raum für Ihre Notizen:

3.3 Hintergrundwissen Fallstudie 2: Materialstämme anlegen

Inhalt:

3.3.1   Materialstamm 39
3.3.2   Materialart und Branche 39
3.3.3   Organisationsebenen und Sichtenauswahl 40
3.3.4   Mengeneinheiten 44
3.3.5   Haupt- und Nebenbilder 44

Raum für Ihre Notizen 46

3.3.1 Materialstamm

Der Materialstamm ist die *zentrale Informationsquelle* innerhalb der Logistik. Er vereint die vielfältigsten Daten bezüglich Beschaffung, Einkauf, Produktion, Lagerung und Vertrieb der Artikel.

3.3.2 Materialart und Branche

Im Artikel- bzw. Materialstamm werden sowohl die *allgemeinen* Eigenschaften *(Materialarten* und *Branche)* als auch die *spezifischen* Eigenschaften (*Sichten* und *Organisationsebenen*) eines Produktes (oder einer Dienstleistung) definiert.

Über die *Materialart* wird beispielsweise gesteuert:

⇨ welche Sichten gepflegt werden können
⇨ ob eine Mengen- und Wertfortschreibung in der Bestandsführung erfolgt
⇨ wie die Nummernvergabe (intern oder extern) erfolgt
⇨ welche Sachkonten automatisch ermittelt werden

Abbildung 14

Über die *Branche* wird beispielsweise gesteuert:

⇨ welche Felder innerhalb des Stammsatzes angezeigt werden
⇨ die Bildfolge des Stammsatzes

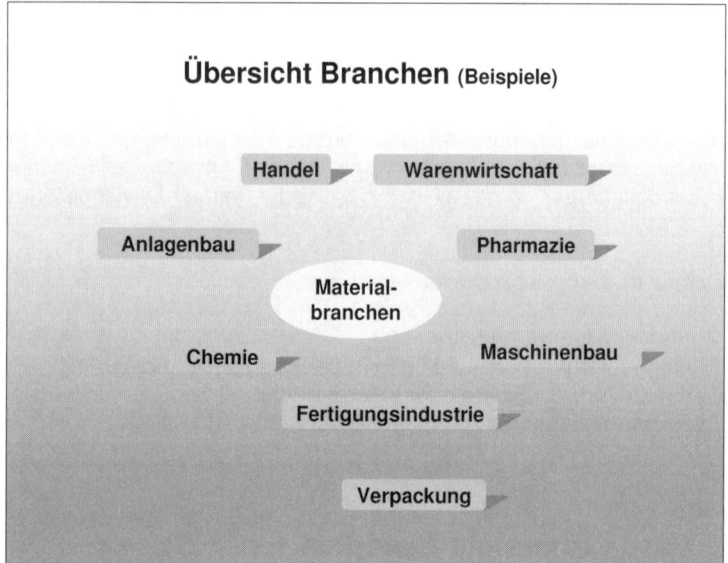

Abbildung 15

3.3.3 Organisationsebenen und Sichtenauswahl

Materialstämme werden immer unter Angabe der entsprechenden Organisationsstrukturen angelegt. Je nach Material und anzulegenden Sichten müssen Angaben über die zuständige Einkaufsorganisation (z.B. Zentraleinkauf oder dezentraler Einkauf) und das lagernde Werk bzw. den Lagerort gemacht werden. Die Bestandsführung und Materialbewertung kann auf Lagerortebene erfolgen. Bei der Pflege der Vertriebsdaten müssen stets die Verkaufsorganisation und der zuständige Vertriebsweg angegeben werden. Erfolgt der Verkauf eines Materials über mehrere Vertriebswege, wird der Datensatz entsprechend erweitert.

Über die *Organisationsebenen* wird beispielsweise gesteuert:

⇨ über welche Verkaufsorganisation das Material vertrieben wird
⇨ über welchen Vertriebsweg (z.B. Großhandel oder Einzelhandel) das Material vertrieben wird
⇨ über welche Einkaufsorganisation das Material bezogen wird
⇨ in welchem Werk, in welchem Lagerort es physisch vorhanden ist.

Jede Fachabteilung kann ihre eigene *Sicht* auf den Materialstamm haben. Benutzerspezifisch kann bestimmt werden, welche Sichten angelegt, geändert und/oder nur angezeigt werden dürfen. Die pflegbaren Sichten sind abhängig von der gewählten Materialart:

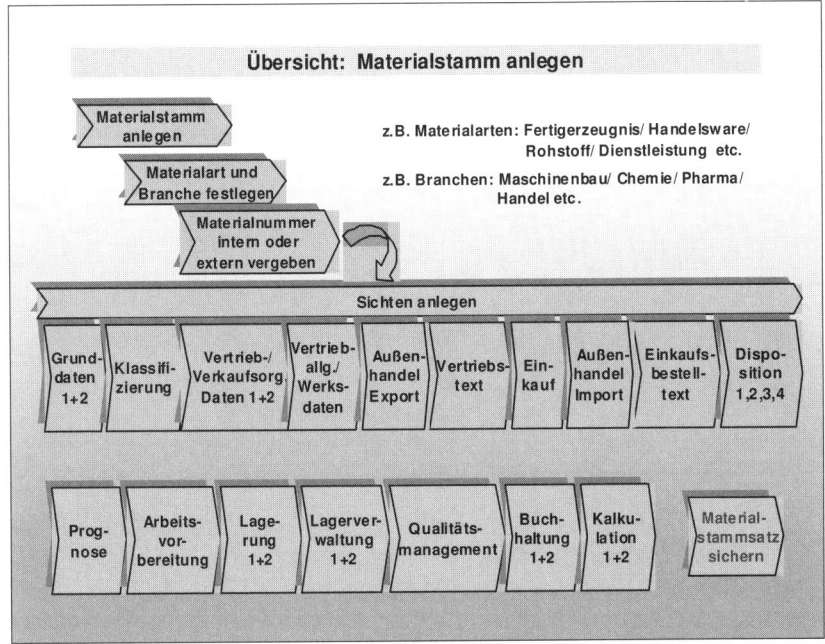

Abbildung 16

In Abhängigkeit der gewählten Materialart erscheinen die zu pflegenden Datenmasken. Bei der Anlage eines Dienstleistungsstammes beispielsweise kann auf die Sichten Arbeitsvorbereitung oder die Sichten der Lagerhaltung verzichtet werden. Im Folgenden sind einige unterschiedliche Materialarten und die zu pflegenden Sichten dargestellt:

Hintergrundwissen zu Fallstudie 2: Materialstämme anlegen

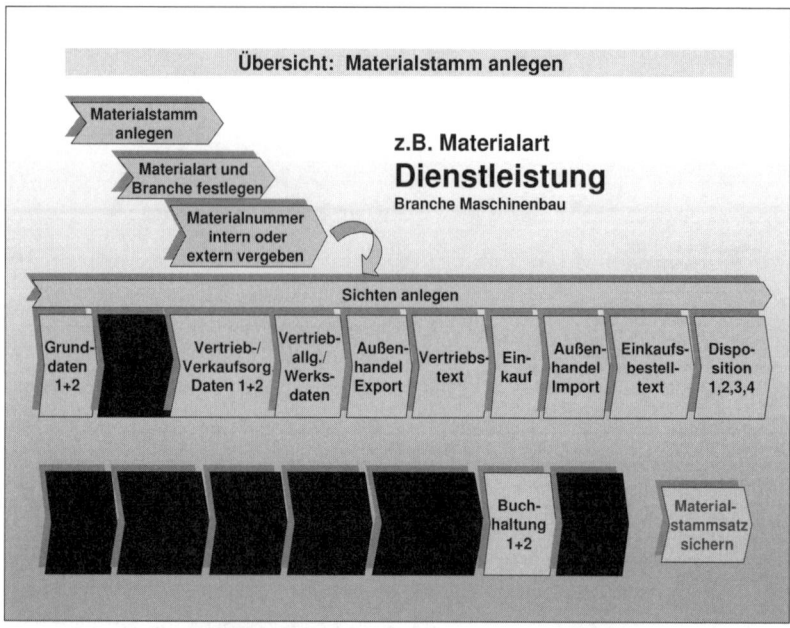

Abbildung 17

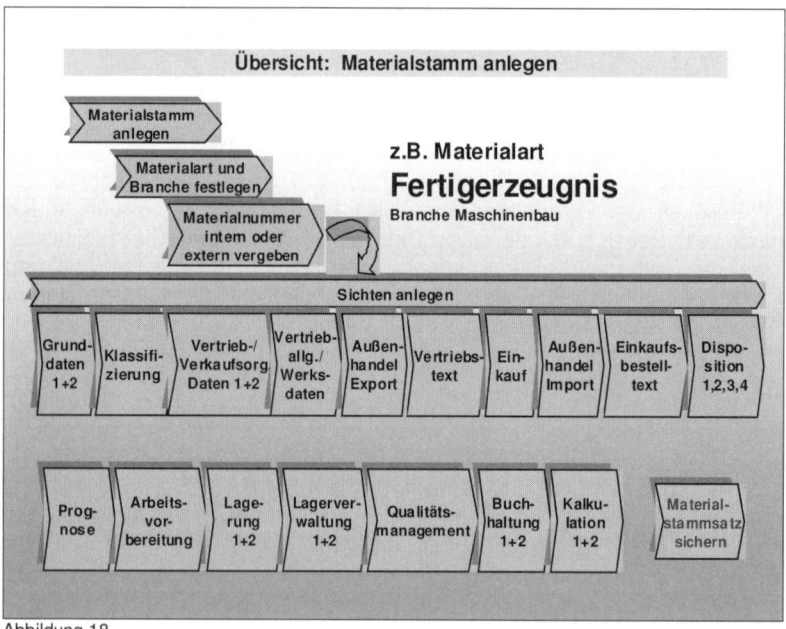

Abbildung 18

Hintergrundwissen zu Fallstudie 2: Materialstämme anlegen

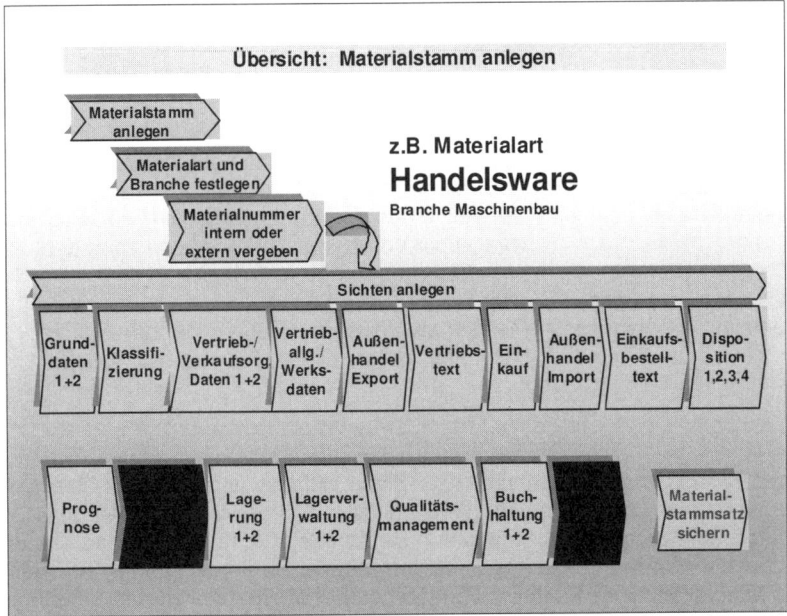

Abbildung 19

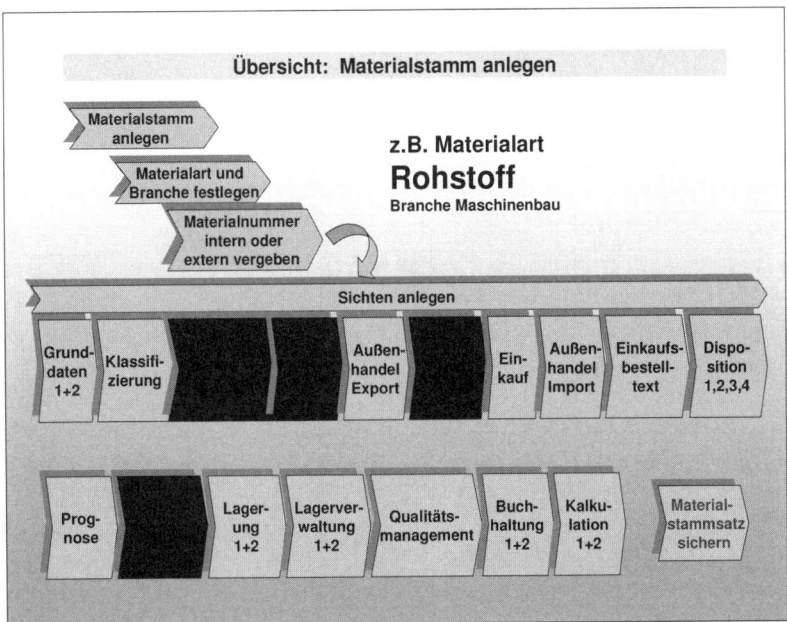

Abbildung 20

3.3.4 Mengeneinheiten

Das Material kann in unterschiedlichen Mengeneinheiten erfasst und geführt werden.

⇨ Basismengeneinheit,   Einheit, in der die Bestände geführt werden z.B. Stück)
⇨ Verkaufsmengeneinheit   Einheit, die in der Auftragserfassung zulässig ist. Sie ist ein Vorschlagswert und kann verändert werden (z.B. Karton (= 2 Stück))
⇨ Mindestauftragsmenge   z.B. Kartons (= 4 Stück)
⇨ Bestellmengeneinheit   Einheit als Vorschlagswert, in der der Einkauf das Material bestellen kann, z.B. eine Palette.

3.3.5 Haupt- und Nebenbilder

In den *Einstiegsmasken („-ebene")* zur Materialpflege sind Angaben über die Materialnummer, die Materialart, die Branche, die Organisationsdaten und die gewünschten Sichten zu machen. Bestimmte Sichten, Branchen und Organisationsdaten können als *Festwerte* eingestellt werden. Beim Anlegen eines Materialstammes kann ein *Vorlagematerial* angegeben werden.

Von den Einstiegsmasken gelangt man in die einzelnen Sichten der *Hauptarbeitsebene*. Die Datenmasken werden in einer Standardreihenfolge durchlaufen. Über die Funktion *Springen* ist jedoch auch ein wahlfreies Wechseln zwischen den Hauptbildern möglich. Fehlende Sichten können im *Anlegen-Modus* nachgepflegt werden.

Von jedem Hauptbild kann man in *Nebenbilder* verzweigen („*Zusatz- bzw. Umfelddatenebene*"; s. folgende Abb.). Über die Funktion *Zurück* gelangt man wieder auf das ursprüngliche Hauptbild.

Hintergrundwissen zu Fallstudie 2: Materialstämme anlegen

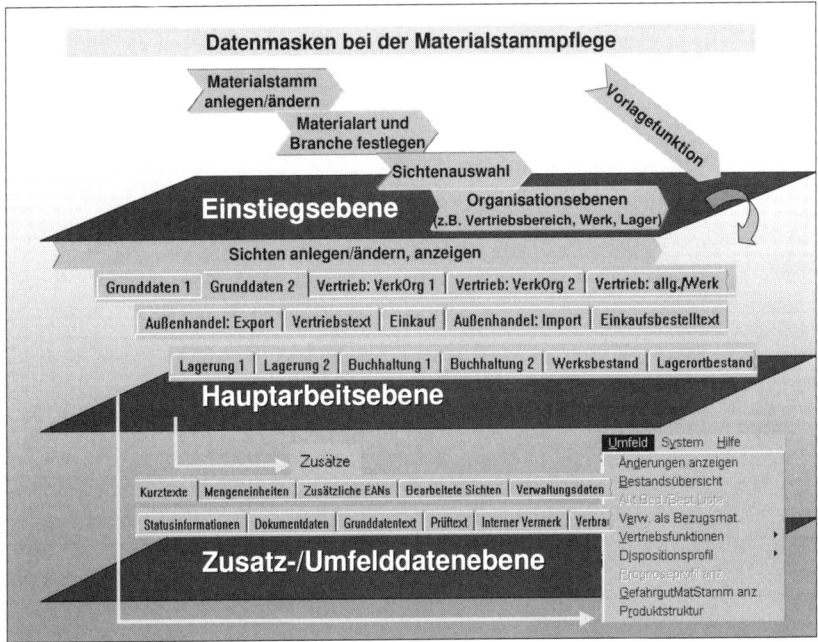

Abbildung 21

Raum für Ihre Notizen:

3.4 Fallstudie 2: Materialstämme anlegen

Die Komponenten des *PC XX* sollen als Materialstämme im R/3 System angelegt werden. Außerdem ist ein Materialstamm für den fertigen PC anzulegen und für einen Drucker, der komplementär zum PC verkauft werden kann. Der Drucker soll erst durch den Einkauf beschafft werden, wenn ein Kundenauftrag vorliegt. Nachfolgend sollen Sie Stammsätze der Materialart *Handelsware* und *Fertigerzeugnisse* im Modul Materialwirtschaft pflegen. Zuerst sind die Handelswaren (Monitor, Tastatur; (Blu Ray) BR-Brenner; Zentraleinheit; Gehäuse und Maus) anzulegen. Innerhalb aller Stammsätze soll der (Netto-) *Verkaufspreis* und der (innerbetriebliche) *Bewertungspreis* festgelegt werden. Außerdem wird in einem separaten Schritt für alle Handelswaren ein erster *Materialbestand* gebucht. Legen Sie zunächst einen Stammsatz für den *Monitor MOXX* (24 Zoll Monitor) an.

Wichtig: Das „XX" im Stammsatz ist lediglich ein Platzhalter für Ihr persönliches Kürzel und ist z.B. durch ihr Namenskürzel (evtl. in Verbindung mit ihrer Studiengruppenbezeichnung) zu ersetzen. Jeder Teilnehmer legt hiermit seinen eigenen Stammsatz an.

1. Auf dem Einstiegsbild SAP EasyAccess wählen Sie *Logistik* ⇨ *Materialwirtschaft* ⇨ *Materialstamm* ⇨ *Material* ⇨ *Anlegen Speziell* ⇨ *Handelsware (/nMMH1)*

2. Sie gelangen auf die Maske: *Handelsware anlegen: Einstieg*

3. Vergeben Sie Ihre Materialnummer (bitte in *Tabelle am Ende dieser Fallstudie* und im *Faltblatt Belegübersicht* notieren!) Wählen Sie die Branche *H =Handel*

4. Drücken Sie *ENTER*. Es erscheint ein Dialogfenster zur Sichtenauswahl.

5. Markieren Sie folgende Sichten: (Durch die Sichtenauswahl legen Sie eine entsprechende Bildfolge fest)

    ⇨ *Grunddaten 1*
    ⇨ *Vertrieb Verkaufsorg. Daten 1*
    ⇨ *Vertrieb Verkaufsorg. Daten 2*
    ⇨ *Vertrieb – allg. /Werksdaten*
    ⇨ *Einkauf*
    ⇨ *Disposition 1*
    ⇨ *Disposition 2*
    ⇨ *Disposition 4*
    ⇨ *Allg. Werksdaten/Lagerung 1*
    ⇨ *Buchhaltung 1*

Fallstudie 2: Materialstämme anlegen

Überprüfen Sie nochmals Ihre Eintragungen! Speichern Sie die markierten Sichten als Voreinstellung 🗐 Voreinstellung. (Damit erreichen Sie, dass bei der nächsten Materialstammanlage die Sichten bereits markiert sind).

6. Drücken Sie ENTER. Es erscheint ein Dialogfenster, in dem Sie die Bearbeitung für eine Organisationsebene spezifizieren. Geben Sie für die Organisationsebene eine gültige Kombination aus Werk 1000, Lagerort 0001; Verkaufsorganisation 1000 und Vertriebsweg 12 ein. *(s. hierzu auch die Vorgaben in der Übersicht am Ende dieser Fallstudie).*

7. Durch Drücken der ENTER-Taste gelangen Sie nacheinander auf die Sichten (Masken), die Sie bearbeiten sollen.
   Wichtige Hinweise hierbei:
   (1) Bei einigen Datenbildern müssen Sie nach unten scrollen, um alle Daten zu sehen.
   (2) Füllen Sie erst alle Felder und drücken Sie dann erst die ENTER-Taste. Mit der TAB-Taste oder durch Anklicken mit der Maus können Sie die einzelnen Felder ansteuern.
   (3) Alle Feldbezeichnungen lassen sich mit der F1-Taste (= Hilfe) näher erläutern.

8. Machen Sie folgende Einträge in den Datenmasken:

Beachten Sie bitte, sich unbedingt an die Datenvorgaben zu halten, da die Systemreaktion u.a. von den Vorgaben abhängig ist!

Maske:	Feld	Eintrag
Handelsware anlegen: Grunddaten 1	Material	(Materialbezeichnung) Später im Ändern-Modus über *Zusätze* ⇨ *Kurztexte* änderbar
	Basismengeneinheit	St (=Stück)
	Warengruppe	002 (Elektronik/ Hardware)
	Sparte	00
	Bruttogewicht	(muss schwerer als Nettogewicht sein)
	Nettogewicht (=ohne Verpackung	(Bitte realistisch wählen)
	Gewichtseinheit	KG ✓
Vertrieb/ Verkaufsorg. Daten 1	Auslieferungswerk	1000
	Steuerklassifikation	1 (Volle Steuer)

		Button Konditionen (ggfs. Infomeldung "Das Material ist im Auslieferungswerk noch nicht angelegt" mit Enter übergehen)	Bitte pflegen Sie den (Netto)-Verkaufspreis nach den Datenvorgaben in der Übersicht am Fallstudienende; gültig ab Staffelmenge 1; zurück zur Hauptmaske mit grüner Pfeiltaste od. F3 (bitte nicht den Button Sichern drücken); danach Button ✓
Vertrieb/Verkaufsorg. Daten 2		StatistikGrMaterial	1 (Wichtig für spätere statistische Auswertungen)
		Kontierungsgr. Mat	01 (Handelswaren)
		Positionstypengruppe	Norm (bereits eingetragen)
Vertrieb-allg./Werk		TransportGr	0001 (Auf Paletten) ✓
		Ladegruppe	0002 (Gabelstapler) ✓
Einkauf		Einkäufergruppe	000
		Warengruppe	(ist bereits eingetragen) ✓
Disposition 1		Dispomerkmal	ND (keine Disposition) ✓
Disposition 2		Planlieferzeit	2 Tage ✓
Disposition 4		Einzel/ Sammel	2 (ausschl. Sammelbedarf) ✓
Werksdaten/Lagerung 1			Keine Einträge ✓
Buchhaltung 1		Preissteuerung	V (Gleitender Durchschnittspreis)
		Gleitender Preis	*(Bitte Bewertungspreis lt. Belegübersicht S.58 angeben)*
			Sichern-Button drücken

Sie gelangen zurück auf das Bild *Handelsware anlegen: Einstieg* und erhalten in der Statuszeile die Systemmeldung:

Das Material *<Materialnummer>* wird angelegt.

Damit haben Sie den Bearbeitungsvorgang abgeschlossen und den Materialstammsatz angelegt.

Tragen Sie alle gesicherten Materialschlüssel in das Datenblatt Belegübersicht ein!

9) Vergewissern Sie sich, ob die Stammsatzanlage tatsächlich erfolgreich war, indem Sie alle Sichten des eben angelegten Materials im Ändern-Modus nochmals aufrufen (*Material* ⇨ *Ändern* ⇨ *Sofort*)! Im Anlegemodus können Sie ggf. fehlende Sichten nachpflegen!

Um das Anlegen der weiteren Komponenten, die ja sehr ähnlich sind, zu erleichtern, machen Sie bitte folgende Voreinstellungen:

Wählen Sie im Bild *Material anlegen: Einstieg* jeweils den Menüpunkt

    Einstellungen ⇨ *Branche*, danach
    Einstellungen ⇨ *Sichten*, danach
    Einstellungen ⇨ *OrgEbenen*.

Die folgenden Bildschirmabgriffe zeigen die in den jeweiligen Masken zu tätigenden Eingaben:

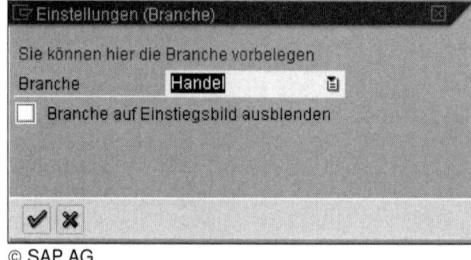

© SAP AG

- *Einstellungen* ⇨ *Branche*

(Bestätigen Sie ihre Eingaben jeweils mit der ENTER-Taste)

- Einstellungen ⇨ Sichten (sofern noch nicht erfolgt)

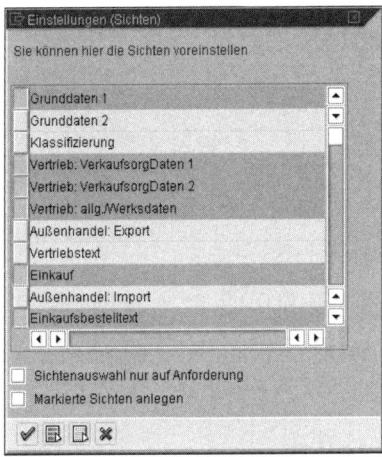

© SAP AG

Scrollen Sie weiter nach unten und markieren Sie außerdem noch folgende Sichten:

⇨ Disposition 1
⇨ Disposition 2
⇨ Disposition 4
⇨ Allg. Werksdaten/Lagerung 1
⇨ Buchhaltung 1

- Einstellungen ⇨ OrgEbenen

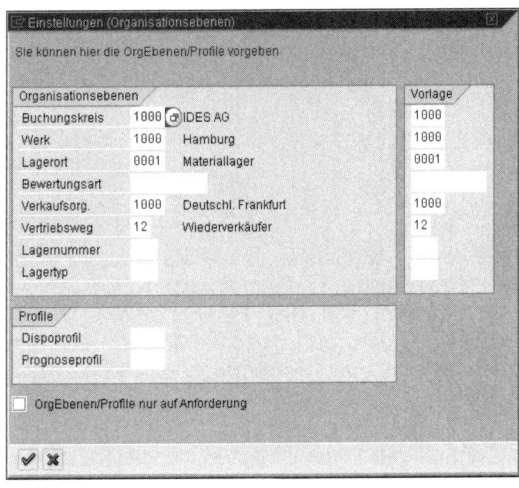

© SAP AG

10) Legen Sie bitte nun in gleicher Weise die weiteren, komplementären Materialien (jeweils Materialart Handelsware; Branche Handel) über den Menüpfad Handelsware anlegen (MMH1) an.

1) Tastatur	TAXX
2) BR-Brenner	BRXX
3) Zentraleinheit	ZEXX
4) Midi-Gehäuse	GHXX
5) Maus	MSXX
6) Drucker	DRXX

Nutzen Sie den bereits angelegten Monitor als Kopiervorlage.

(*Wichtig:* beim Drucker bitte, abweichend von den übrigen Handelswaren 1)-5), in der Sicht *Vertrieb/ Verkaufsorg. Daten 2* im (rechten) Feld *Positionstypengruppe* den Eintrag *BANC (= Einzelbestellung)* machen. Beachten Sie bei allen Materialien die Vorgaben in der Tabelle S. 58 am Ende dieser Fallstudie!

Benutzen Sie zur Eingabeerleichterung die *Vorlagefunktion*, z.B.:

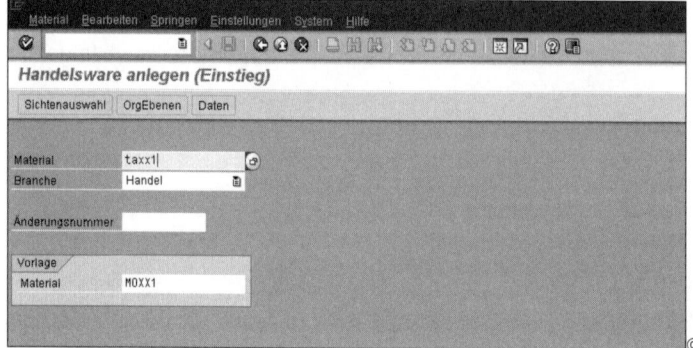

Fertigerzeugnis anlegen

11) Im Folgenden legen Sie bitte einen Materialstamm der Materialart *Fertigerzeugnis (Achtung: keine Handelsware! Vorlagefeld ohne Eintrag!)* im Modul Materialwirtschaft an. Konkret soll das Fertigerzeugnis *PCXX* (Komplett-PC) angelegt werden. Auch bei diesem Material soll ein spezieller (Netto-) *Verkaufspreis* und der *Bewertungspreis* angegeben werden (siehe hierzu Seite 58).

Beachten Sie bitte, sich unbedingt an die Datenvorgaben zu halten, da die Systemreaktion u.a. von den Vorgaben abhängig ist!

1. Vom Einstiegsbild EasyAcces aus wählen Sie bitte:
   Logistik ⇨ *Materialwirtschaft* ⇨ *Materialstamm* ⇨ *Material* ⇨ *Anlegen Speziell* ⇨ *Fertigerzeugnis (MMF1)*
2. Sie gelangen auf die Maske: *Fertigerzeugnis anlegen: Einstieg*
3. Vergeben Sie Ihre Materialnummer (bitte in Tabelle am Ende dieser Fallstudie und in der Belegübersicht notieren!)
   (Branche H =Handel)
4. Drücken Sie *ENTER*. Es erscheint ein Dialogfenster zur Sichtenauswahl.
5. Kreuzen Sie die noch fehlenden Sichten an: Durch die Sichtenauswahl legen Sie eine entsprechende Bildfolge fest) *Achtung!:* Es sind hier teilweise andere Sichten zu pflegen als bei den Handelswaren, bitte keine Vorlagefunktion mehr benutzen)

   ⇨ *Grunddaten 1*
   ⇨ *Vertrieb Verkaufsorg. Daten 1*
   ⇨ *Vertrieb Verkaufsorg. Daten 2*
   ⇨ *Vertrieb – allg. /Werksdaten*
   ⇨ *Disposition 1*
   ⇨ *Disposition 2*
   ⇨ *Disposition 3*
   ⇨ *Disposition 4*
   ⇨ *Arbeitsvorbereitung*
   ⇨ *Allg. Werksdaten/Lagerung 1*
   ⇨ *Buchhaltung 1*

6. Drücken Sie *ENTER*. Es erscheint ein Dialogfenster, in dem Sie die Bearbeitung für eine Organisationsebene spezifizieren. Geben Sie für die Organisationsebene eine gültige Kombination aus Werk, Lagerort, Verkaufsorganisation und Vertriebsweg ein, sofern diese nicht schon richtig vorbelegt sind (ansonsten entnehmen Sie bitte die Angaben aus der *Übersicht am Fallstudienende*).

7 Durch Drücken der *ENTER*-Taste gelangen Sie nacheinander auf die Sichten, die Sie bearbeiten sollen.

   Wichtige Hinweise hierbei:
   (1) Bei einigen Datenbildern müssen Sie nach unten scrollen, um alle Daten zu sehen.
   (2) Füllen Sie erst alle Felder und drücken Sie dann erst die ENTER-Taste Mit der TAB-Taste oder durch Anklicken mit der Maus können Sie die einzelnen Felder ansteuern.
   (3) Alle Feldbezeichnungen lassen sich mit der F1-Taste (= Hilfe) näher erläutern.

8. Machen Sie folgende Einträge in den folgenden Datenmasken:

Fallstudie 2: Materialstämme anlegen

Maske:	Feld	Eintrag
Fertigerzeugnis anlegen: Grunddaten 1	Material	(Materialbezeichnung) (z.B. Komplett-PC XX)
	Basismengeneinheit	St (=Stück)
	Warengruppe	002 (Elektronik/ Hardware)
	Sparte	00
	Nettogewicht (= ohne Verpackung	(Bitte realistisch wählen)
	Bruttogewicht	(muss schwerer als Nettogewicht sein)
	Gewichtseinheit	KG ✔
Vertrieb/ Verkaufsorg. Daten 1	Auslieferungswerk	1000
	Steuerklassifikation	1 (Volle Steuer)
	Button Konditionen	Bitte pflegen Sie den (Netto)-Verkaufspreis nach den *Datenvorgaben in der Übersicht am Fallstudienende*; gültig ab Staffelmenge 1; zurück zur Hauptmaske mit grüner Pfeiltaste od. F3 (bitte nicht den Button Sichern drücken); danach Button
Vertrieb/ Verkaufsorg. Daten 2	StatistikGrMaterial	1 (Wichtig für spätere statistische Auswertungen) ✔
	Kontierungsgr. Mat	*03 (Fertigerzeugnisse)*
	Positionstypengruppe	*ERLA (Struktur/ Mat. Oben)* ✔
Vertrieb-allg./Werk	Verfügbarkeitsprüfung	02 (Einzelbedarf)
	TansportGr	0001 (Auf Paletten)
	Ladegruppe	0002 (Gabelstapler) ✔

Disposition 1	Dispogruppe	0031 (Losfertg., auch Kundeneinzelfertigung)
	Dispomerkmal	PD (plangesteuerte Disposition)
	Disponent	101
	Dispolosgröße	EX (exakte Losgrößenberechnung) ✔
Disposition 2	Beschaffungsart	E (=Eigenfertigung)
	Produktionslagerort	0001 (Materiallager)
	Eigenfertigungszeit	keine Eintragungen
	Wareneingangs(WE)-bearbeitungszeit	keine Eintragungen
	Horizontschlüssel	001 ✔
		(ggf. Infomeldung „Eigenfertigungszeit" in Statuszeile mit Enter übergehen)
Disposition 3	Strategiegruppe	82 (Montageabwicklung mit Fertigungsauftrag) ✔
	Gesamtwiederbeschaffungszeit	10 Tage ✔
Disposition 4		keine Eintragungen
Arbeitsvorbereitung	Rüstzeit	0,5 Tage
	Bearbeitungszeit	2 Tage (Basismenge 100)
	Übergangszeit	1 Tag ✔
Lagerung		Keine Einträge ✔
Buchhaltung 1	Bewertungsklasse	7920 (Fertigerzeugnisse)
	Preissteuerung	S (Standardpreis)
	Standardpreis	(Bitte Bewertungspreis lt. Übersicht am Fallstudienende angeben) ✔

Nachdem Sie das letzte Datenbild bearbeitet haben, erscheint ein Dialogfenster, in dem Sie die Mitteilung erhalten, dass die Bearbeitung verlassen wird. Wählen Sie *ja*, um Ihre Materialdaten zu speichern.

Sie gelangen zurück auf das Bild Fertigerzeugnis anlegen: Einstieg und erhalten in der Statuszeile die Systemmeldung:

Das Material *<Materialnummer>* wird angelegt. Damit haben Sie den Bearbeitungsvorgang abgeschlossen und den Materialstammsatz angelegt.

Materialübersicht anzeigen:

Verlassen Sie die Materialstammanlage mit dem Button Beenden. Sie gelangen auf das *Easy Access Menü*. Rufen Sie von hier ein *Materialverzeichnis* Ihrer neu angelegten Materialien auf, indem Sie folgenden Menüpfad wählen: *Materialwirtschaft* ⇨ *Materialstamm* ⇨ *Sonstige* ⇨ *Materialverzeichnis (MM60):* Machen Sie sinngemäß („XX" steht für Ihr pers. Buchstabenkürzel) für Ihre Materialien folgende Eingaben und drücken Sie dann den Button *Ausführen* (s. nachfolgende Abbildung).

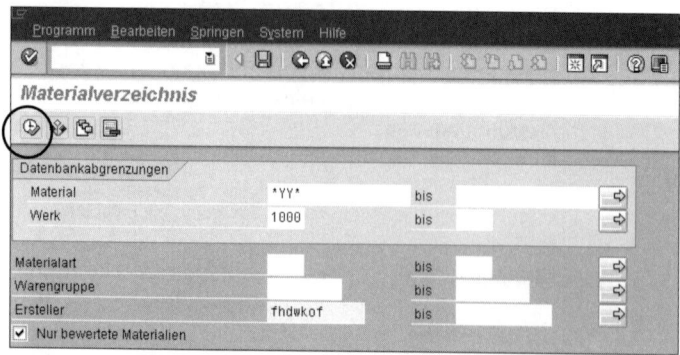

© SAP AG

Sie erhalten eine Auflistung der von Ihnen angelegten Materialien mit weiteren Detailinformationen. Überprüfen Sie bitte die Angaben auf Richtigkeit (i.S. der Übereinstimmung mit den Datenvorgaben).

Materialverzeichnis

Material Kurztext	Werk	ÄndDat	MArt	Warengrp. Ersteller	ME	EKG	ABC	DMk	BwKl	Prs	Preis Währ	pro
CDYY1 CD-Brenner	1000	00.00.00	HAWA	002 FHDWKOF	ST	000		ND	3100	V	70,00 DEM	1
DRYY1 Drucker HP 970 cxi	1000	00.00.00	HAWA	002 FHDWKOF	ST	000		ND	3100	V	280,00 DEM	1
GHYY1 Gehäuse	1000	00.00.00	HAWA	002 FHDWKOF	ST	000		ND	3100	V	20,00 DEM	1
MOYY1 Monitor 17 Zoll TfT	1000	01.10.01	HAWA	002 FHDWKOF	ST	000		ND	3100	V	450,00 DEM	1
MSYY1 Maus	1000	00.00.00	HAWA	002 FHDWKOF	ST	000		ND	3100	V	20,00 DEM	1
PCYY1 Komplett-PC FHDWcom 600	1000	00.00.00	FERT	002 FHDWKOF	ST			PD	7920	S	1.080,00 DEM	1
TAYY1 Tastatur 17 Zoll TfT	1000	00.00.00	HAWA	002 FHDWKOF	ST	000		ND	3100	V	20,00 DEM	1

© SAP AG

Tragen Sie nun bitte Ihre Materialschlüssel in das Faltblatt *Belegübersicht* ein! Gehen Sie durch mehrmaliges Drücken des Button ⬆ zurück auf die R/3 Eingangsmaske (Easy Access).

Hinweis:
Eine Liste der (Netto-) Verkaufspreise erstellen Sie mit der Transaktion *V/LD*. Hier können die Preise auch korrigiert werden.

Die (Buchhaltungs-) Bewertungspreise können mit der Transaktion *MR21* korrigiert werden.

Erste Materialbestandsbuchung:
Wählen Sie hierzu folgenden Menüpfad:

Logistik ⇨ *Materialwirtschaft* ⇨ *Bestandsführung* ⇨ *Warenbewegung* ⇨ *Wareneingang* ⇨ *Sonstige (MB1C):*
Geben Sie in der Feldgruppe Vorschlag für Belegpositionen folgende Werte ein:

Bewegungsart:	501
Werk	1000
Lagerort	0001

(Hinweis: Sollte die aktuelle Periode nicht zu buchen sein, muss eine manuelle Periodenverschiebung auf den aktuellen Monat erfolgen: Logistik ⇨ Materialwirtschaft ⇨ Materialstamm ⇨ Sonstige ⇨ Periode verschieben (MMPV); alternativ kann das Buchungsdatum vorterminiert werden)

Drücken Sie *ENTER* oder betätigen Sie den Button ✔. Sie gelangen in die Maske: *Sonst. Wareneingänge erfassen: Neue Positionen*. Geben Sie Ihre Materialstammsätze ein (bitte *ohne* das Fertigerzeugnis *PCXX*; denn dieses soll ja im Folgenden erst noch produziert werden und *ohne* den Drucker *DRXX*, denn dieser soll später über den Einkauf beschafft werden).

1) Monitor	*MOXX*
2) Tastatur	*TAXX*
3) BR- Brenner	*BRXX*
4) Zentraleinheit	*ZEXX*
5) Midi-Gehäuse	*GHXX*
6) Maus	*MSXX*

Buchen Sie für alle übrigen Materialien einen Anfangsbestand von *100 Stück*.

(Tip bzgl. der Eingabe der 6. Position: Durch Drücken der rechten Maustaste und Befehl *Neue Positionen* lässt sich die Anzahl der Eingabezeilen erweitern). *Sichern* Sie Ihre Bestandsbuchung mit dem Button *Buchen*. In der Statuszeile erfolgt eine entsprechende Meldung. Tragen Sie nun bitte die *Belegnummer* der Warenbuchung in das Faltblatt *Belegübersicht* ein! Sie können sich die Wareneingangsbuchung über den Menüpfad *Logistik* ⇨ *Materialwirtschaft* ⇨ *Bestandsführung* ⇨ *Materialbeleg* ⇨ *Anzeigen (MB03)* nochmals anschauen.

Bitte lassen Sie sich auch eine Bestandsliste der Lagerbestände anzeigen (Transaktionscode: MB52)

Übersicht über die anzulegenden Materialstammsätze:

Material-stamm	Kurz-bezeichnung	VKO/ VTW/ SP/ Werk/ Lager	Verkaufs-preis/ Be-wertungspreis	Be-stand
MO_ _ _ _	Monitor 24 Zoll	1000/ 12/ 00/ 1000/ 0001	300,--/ 150,--	100
TA_ _ _ _	Tastatur	1000/ 12/ 00/ 1000/ 0001	60,--/ 30,--	100
BR_ _ _ _	BR-Brenner	1000/ 12/ 00/ 1000/ 0001	100,--/ 50,--	100
ZE_ _ _ _	Zentraleinheit	1000/ 12/ 00/ 1000/ 0001	300,--/ 150,--	100
GH_ _ _ _	MIDI-Gehäuse	1000/ 12/ 00/ 1000/ 0001	50,--/ 25,--	100
MS_ _ _ _	Maus	1000/ 12/ 00/ 1000/ 0001	40,--/ 20,--	100
DR_ _ _ _	Drucker	1000/ 12/ 00/ 1000/ 0001	150,--/ 75,--	0
PC_ _ _ _	Komplett-PC	1000/ 12/ 00/ 1000/ 0001	1000,--/ 500,--	0

_ _ _ _= Platzhalter für Ihr individuelles Kürzel.

Raum für Ihre Notizen:

3.5 Hintergrundwissen Fallstudie 3
Lieferantenstammsatz und Einkaufsinfosatz anlegen

Inhalt:

3.5.1	Übersicht über die Komponenten des Moduls MM Materialwirtschaft	61
3.5.2	Organisationsstrukturen in der Materialwirtschaft	65
3.5.3	Übersicht Stammdaten und Belege	66
3.5.4	Struktur des Lieferantenstammsatzes	68
3.5.5	Geschäftspartnerrollen im Einkauf	69
3.5.6	Übersicht: Abläufe im Einkauf	70
3.5.7	Struktur der Einkaufsbelege	73
3.5.8	Einkaufsinfosatz	74
3.5.9	Überblick über die Abläufe im Modul Materialwirtschaft	75

Raum für Ihre Notizen 76

3.5.1 Übersicht über die Komponenten des Moduls MM Materialwirtschaft

Vorgänge, die die Bereiche *(="Komponenten")* Disposition, Materialeinkauf, Bestandsführung, Lieferantenrechnungsprüfung und Materialbewertung betreffen, können im Modul MM abgebildet werden. Die einzelnen Komponenten sollen im Folgenden näher erläutert werden:

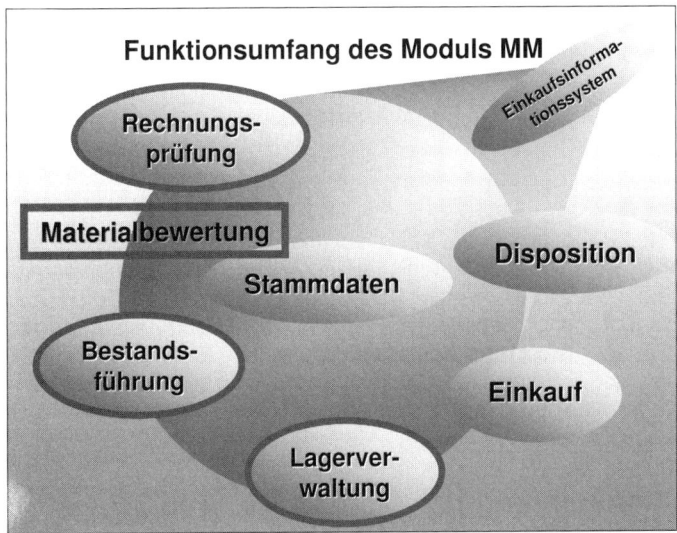

Abbildung 22

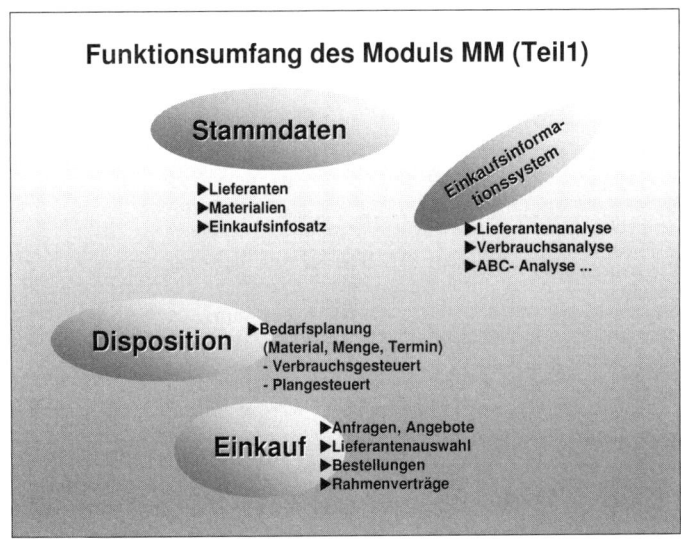

Abbildung 23

(1) Disposition

Im Rahmen der *Disposition* geht es um die *Bedarfsbestimmung nach Art, Menge, und Termin der Materialien*. Die *Materialbedarfsplanung* bedient sich verschiedener Dispositionsverfahren. Bei den Verfahren der *verbrauchsgesteuerten Disposition* (z.b. Bestellpunktverfahren, stochastische Disposition) wird der Bedarf in Abhängigkeit *von Verbräuchen in der Vergangenheit* unter Berücksichtigung verschiedener *Prognosemodelle* (z.B. Konstant-; Trend und Saisonmodell) berechnet. Eine *plangesteuerte Disposition* liegt vor, wenn die Bedarfe über die *Absatz- bzw. Programmplanung* vorgegeben werden. Die ermittelten Bedarfe werden an die Produktion und/oder als Bestellanforderungen stückgenau an den Einkauf weitergeleitet.

(2) Einkauf

Der Einkauf erstellt unter anderem *Anfragen und Angebote an Lieferanten*. Aufgrund dieser Daten können z.B. verschiedene Angebote im *Angebotspreisspiegel* miteinander verglichen werden. Der Einkauf *verhandelt Liefer- und Zahlungskonditionen* und schließt gegebenenfalls auch *Rahmenverträge* ab. *Bestellungen* werden erstellt und dem/den Lieferanten übermittelt. Darüber hinaus kontrolliert der Einkauf die Bestellentwicklung, insbesondere die Einhaltung der *Liefertermine* und den Wareneingang.

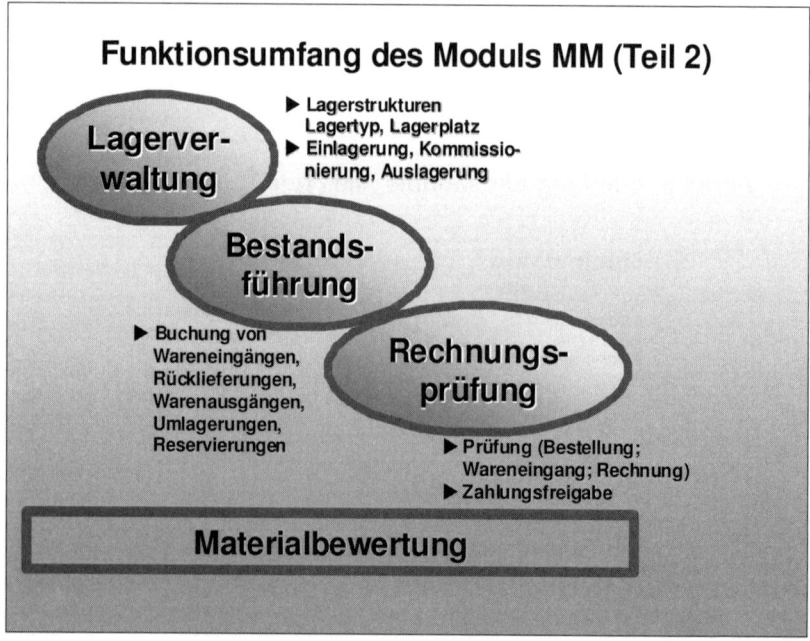

Abbildung 24

(3) Bestandsführung

Im Rahmen der Bestandsführung werden alle bestandsverändernden Vorgänge, wie Wareneingänge, Warenausgänge, Umlagerungen zwischen Lagern und Werken, Reservierungen (z.b. für bestimmte Kunden- oder Fertigungsaufträge) und Bestandskorrekturen erfasst.

(4) Lagerverwaltung

Setzt ein Unternehmen das *Zusatzmodul MM-WM (Warehouse Management)* ein, lassen sich die *Lagerstrukturen* über *Lagernummern* und *Lagertypen* (z.B. Hochregallager, Blocklager) bis auf einen bestimmten *Lagerplatz* verfeinern. Über bestimmte Regeln macht das R/3 System Vorschläge zum Ort der Warenein- und -auslagerung und zum Kommissionierungsort.

(5) Rechnungsprüfung

Unter Berücksichtigung der Informationen aus der Bestellung, des Wareneingangs (Lieferschein) und des Materialstammes findet hier die *Prüfung* von *Eingangsrechnungen* sachlich, rechnerisch und preislich statt. Bei Übereinstimmung der Daten (unter Berücksichtigung vorgegebener Toleranzen) wird die Rechnung *freigegeben* und zum *Zahlungsausgleich* an die Finanzbuchhaltung übergeben.

(6) Einkaufsinformationssystem

Im Rahmen der Komponente *Einkaufsinformationssystem (EIS)* können Informationen aus der operativen Einkaufsabwicklung

- gesammelt,
- verdichtet und
- statistisch ausgewertet werden.

Umfang und Flexibilität dieses Werkzeuges sind enorm. Das Einkaufsinformationssystem ist Bestandteil des sog. Logistikinformationssystems (LIS), das auf Informationssysteme auch anderer Komponenten, wie beispielsweise des Vertriebs und der Produktion zugreift.
Das Einkaufsinformationssystem liefert vor allen Dingen Entscheidungsträgern der mittleren und oberen Managementebene (Einkaufsleiter; Geschäftsführer) wertvolle aggregierte Daten aus den operativen Anwendungen.

Die Tiefe der Informationen kann dabei vom Benutzer individuell festgelegt werden. Diese Informationen beinhalten wichtige *Kennzahlen* (Rechnungsbetrag, Bestellwert, Anzahl Bestellungen, Anzahl Lieferungen etc.), und *Merkmale* (z.B. Einkaufsorganisation, Einkäufergruppe, Lieferant, Material) die direkt aus der operativen Anwendung online fortgeschrieben werden. Die folgende Abbildung verdeutlicht nochmals den grundsätzlichen Aufbau der Informationsstrukturen:

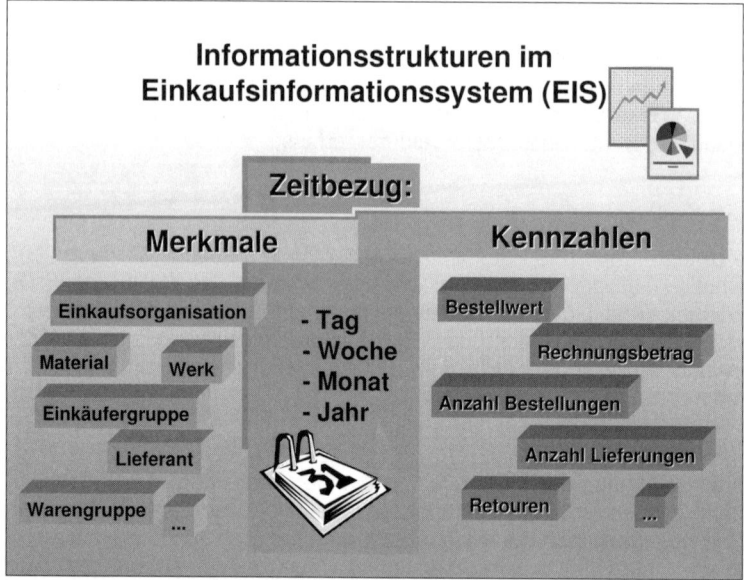

Abbildung 25

Die *Standardanalysen* sind ein wichtiger Teil des Einkaufsinformationssystems. Hier unterstützen vordefinierte Analysen den Einkauf:

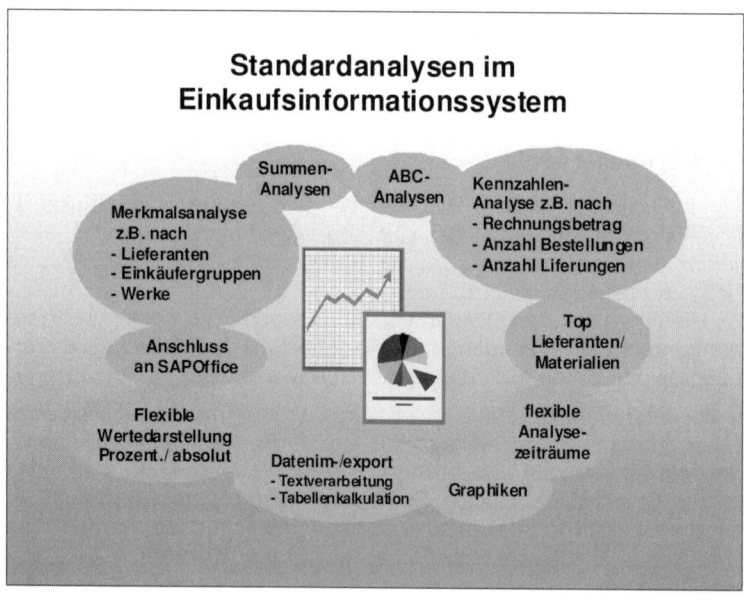

Abbildung 26

In dieser Komponente können operative Daten (Bestellanforderungen, Bestellungen, Materialverbräuche, Bestandsentwicklung etc.) unter Berücksichtigung bestimmter Merkmale (Lieferanten, Materialien, Einkaufsorganisationen etc.) und Betrachtungszeiträume aggregiert dargestellt werden.

3.5.2 Organisationsstrukturen in der Materialwirtschaft

Im R/3-System sind die Aktivitäten innerhalb der Materialwirtschaft in umfassende und flexible *Organisationsstrukturen* eingebunden, die im Folgenden kurz erläutert werden sollen:

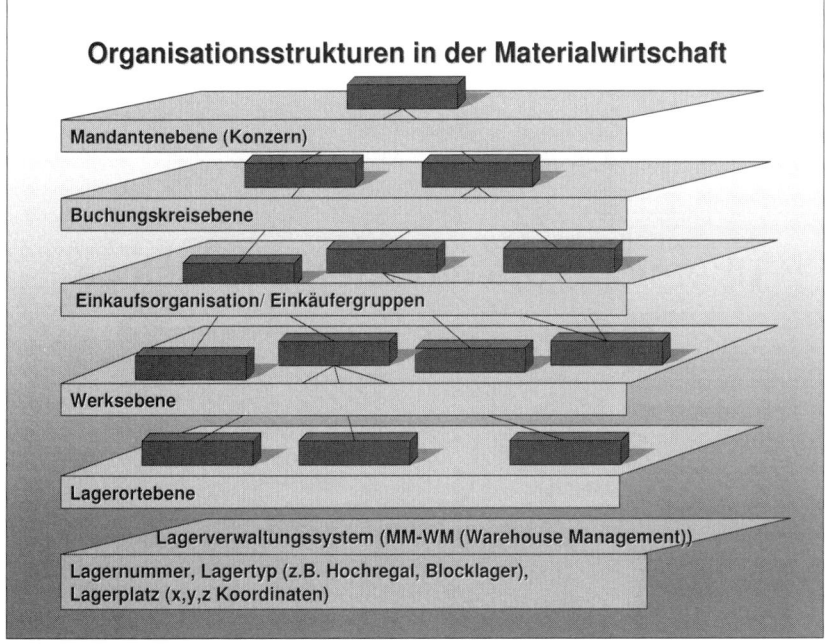

Abbildung 27

Eine Organisationsstruktur besteht aus einzelnen *Organisationseinheiten* *("Ebenen")*, die den rechtlichen und organisatorischen Aufbau eines Unternehmens widerspiegeln. Aus Sicht der Materialwirtschaft gibt es spezielle Organisationseinheiten, die allerdings mit denen anderer Unternehmensbereiche (z.B. Vertrieb oder Buchhaltung) verknüpft sind. Der *Mandant* ist die oberste organisatorische Einheit für alle Unternehmensbereiche. Er entspricht z.B. einem Konzern mit mehreren *Tochterfirmen (= Buchungskreise)*. Ein Buchungskreis stellt also ein rechtlich selbständiges, bilanzierendes Unternehmen dar. Eine *Einkaufsorganisation* (z.B. Zentraleinkauf oder dezentraler

Einkauf vom Werksstandort aus) ist einem Buchungskreis eindeutig zugeordnet. Über eine Einkaufsorganisation werden die Materialien (und Dienstleistungen) für ein oder mehrere Werke beschafft. Auf dieser Ebene, die nach außen für alle Einkäufe rechtlich verantwortlich ist, werden z.B. die Beschaffungskonditionen mit den Lieferanten ausgehandelt. Der operative Vollzug der Einkaufstätigkeiten wird durch die sogenannten *Einkäufergruppen* bewirkt, die sich wiederum aus einzelnen oder mehreren *Einkäufern* zusammensetzen. Die Anlieferung der Waren erfolgt in Werken. Ein *Werk* ist entweder eine Produktionsstätte oder zumindest ein Ort mit Materialbestand, der aus einem oder mehreren *Lagerorten* bestehen kann. Das Werk stellt das zentrale Organisationselement innerhalb der Materialwirtschaft dar. Von hier aus wird *disponiert* und die Bestände zentral geführt. Diese können nach Lagerorten (= „räumlicher Lagerbereich") differenziert geführt werden.

Setzt ein Unternehmen das *Zusatzmodul MM-WM (Warehouse Management)* ein, lassen sich die *Lagerstrukturen* über *Lagernummern* und *Lagertypen* bis auf einen bestimmten *Lagerplatz* verfeinern.

3.5.3   Übersicht Stammdaten und Belege

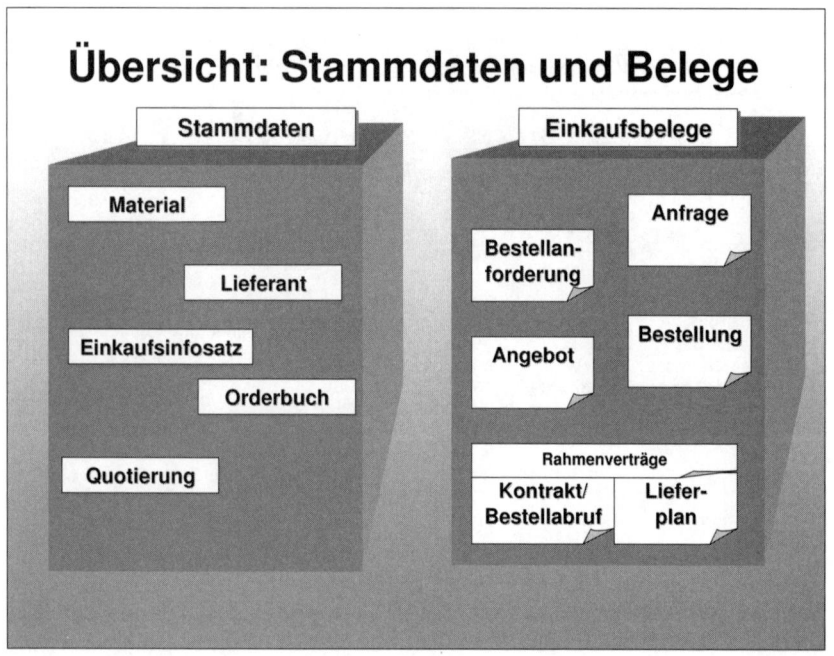

Abbildung 28

Die wichtigsten Stammdaten und Belege, die im Einkauf Verwendung finden, sollen zunächst stichwortartig erläutert werden:

Stammdaten:

⇨ *Materialstamm:* dieser beschreibt in Abhängigkeit von der Materialart und Branche die allgemeinen und speziellen Eigenschaften eines Materials oder einer Dienstleistung.

⇨ *Lieferantenstamm:* beschreibt alle wesentlichen Eigenschaften einer Bezugsquelle für extern zu beschaffende Materialien.

⇨ *Einkaufsinfosatz:* Der Einkaufsinfosatz enthält die aktuellen Preise und Konditionen eines Lieferanten für ein Material.

⇨ *Orderbuch:* („Bezugsquellenermittlungsbuch") Im Orderbuch sind die erlaubten bzw. bevorzugten (auch gesperrten!) Bezugsquellen für ein Material aufgeführt.

⇨ *Quotierung:* Soll ein bestimmtes Material abwechselnd von unterschiedlichen Lieferanten bezogen werden, können die einzelnen Bezugsquellen mit einer Quote versehen werden. Die Quotierung ermöglicht, falls dies erwünscht ist, eine zeitabhängige Aufteilung von Bedarfen auf verschiedene Bezugsquellen.

Einkaufsbelege:

⇨ *Bestellanforderung (BANF):* Zunächst wird der Bedarf an Materialien (oder Dienstleistungen) in der Fachabteilung (z.B. Verkauf) oder im Rahmen der Disposition ermittelt. Der konkrete Bedarf wird in dem Beleg *Bestellanforderung (BANF)* genau spezifiziert und durch den Einkauf beschafft.

⇨ *Anfrage:* Anforderung an einen oder mehrere Lieferanten, ein Angebot zu erstellen.

⇨ *Angebot:* verbindliche oder unverbindliche Willenserklärung eines Lieferanten, ein oder mehrere Materialien zu bestimmten Liefer- und Zahlungsbedingungen und Konditionen zu liefern

⇨ *Bestellung:* Verbindliche, meist schriftlich fixierte Willenserklärung gegenüber einem Lieferanten zum Kauf eines oder mehrerer Materialien.

⇨ *Rahmenverträge:* Eine Bestellung kann auch unter Bezugnahme einer bestimmten *Rahmenvertragsart (Kontrakt oder Lieferplan)* erfolgen.

⇨ *Kontrakt:* Hier sind bestimmte Materialien und Mengen zu speziell vereinbarten Konditionen abrufbereit vereinbart. Konkrete Liefertermine werden bei Vertragsabschluss nicht festgelegt.

⇨ *Lieferplan:* Auch hier sind bestimmte Materialien und Konditionen vereinbart, darüber hinaus sind auch der/die Liefertermin/e zeitlich genau fixiert.

3.5.4 Struktur des Lieferantenstammsatzes

Die Informationen zu einem bestimmten Lieferanten werden in einem Stammsatz hinterlegt, der durch eine eindeutige Nummer („Schlüssel") identifiziert werden kann. Bei vielen operativen Vorgängen (z.B. Anfrage-, Angebots- und Bestellabwicklung; Rechnungsprüfung und -erfassung; Zahlungsabwicklung) greift das System auf Daten des Lieferantenstammsatzes zurück. Diese können zentral oder von den einzelnen Fachbereichen gepflegt werden. Daher ist der Stammsatz fachbereichsspezifisch in verschiedene *Sichten* untergliedert, die in der folgenden Abbildung dargestellt sind:
Neben Name und Anschrift des Lieferanten umfasst ein Lieferantenstammsatz Angaben über die vereinbarten Zahlungs- und Lieferbedingungen und Namen wichtiger Kontaktpersonen (Verkäufer bzw. Verkäuferinnen beim Lieferanten). Der Lieferantenstammsatz kann sowohl vom Einkauf, als auch von der Buchhaltung gepflegt werden. Wird ein Lieferantenstamm angelegt, muss (wie beim Kundenstamm) eine *Kontengruppe* angegeben werden. Diese bestimmt die Art der Nummernvergabe (intern/ extern) und den Nummernbereich, aus dem die Kontonummer zugeordnet wird. Außerdem wird über die Kontengruppe gesteuert, welche Felder auf den Datenmasken erscheinen und an welcher Stelle Eingaben zwingend erforderlich sind („Musseingabefelder"). Der Lieferantenstamm unterteilt sich in drei Datenbereiche:

⇨ *Allgemeine Daten*

⇨ *Buchungskreisdaten und*

⇨ *Einkaufsorganisationsdaten.*

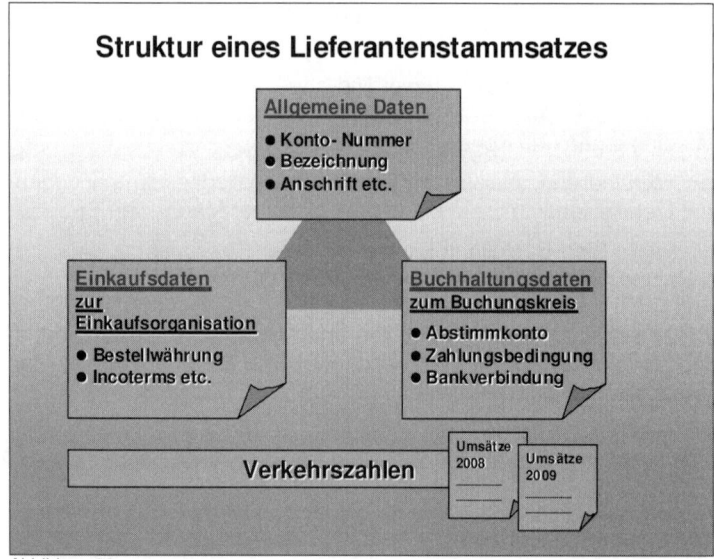

Abbildung 29

Die allgemeinen Daten beinhalten Informationen, die für jeden Buchungskreis innerhalb eines Unternehmens gleichermaßen gelten. Einkaufsdaten werden getrennt nach Einkaufsorganisationen geführt. Es handelt sich dabei um einkaufsrelevante Daten, z.B. Ansprechpartner, Lieferkonditionen etc.. Zusätzlich zu den Daten, die für eine Einkaufsorganisation gelten, können Daten für ein bestimmtes Werk (z. B. Zahlungsbedingungen oder Incoterms, die von denen der Einkaufsorganisation abweichen) gepflegt werden. Auch die Zahlungsbedingungen, die mit einem Lieferanten vereinbart werden, werden im Lieferantenstammsatz festgehalten. Diese werden beim Anlegen einer Bestellung vorgeschlagen, sind aber jederzeit änderbar. Weiterhin ist es möglich, einen Lieferanten durch das Setzen eines *Sperrkennzeichens* als mögliche Bezugsquelle (z.B. wegen mangelnder Qualität) auszuschließen.

Für Lieferanten, von denen nur einmal oder nur selten Material bezogen wird, können spezielle Stammsätze, sogenannte *CpD („Conto pro Diverse")* -Lieferantenstammsätze angelegt werden. Dies ist z. B. dann sinnvoll, wenn ausnahmsweise und einmalig von einem anderen Lieferanten Ware beschafft wird, da z.B. der Hauptlieferant nicht liefern kann. Beim Anlegen eines Einkaufsbelegs mit einem CpD-Lieferanten verzweigt das System automatisch auf ein Datenbild, wo die spezifischen Daten wie Name, Anschrift oder Bankverbindung des Lieferanten aufgeführt werden können. Diese werden dann zusammen mit den Belegdaten der Bestellung gespeichert.

3.5.5 Geschäftspartnerrollen im Einkauf

Der Lieferant kann als Geschäftspartner dem Einkauf und der Rechnungsprüfung gegenüber in verschiedenen Rollen auftreten. So kann er als Warenlieferant auftreten, die Rechnung wird aber von der Zentrale oder einem Einkaufsverband geschickt. Für die verschiedenen Rollen, die ein Lieferant ausfüllen kann, können unter entsprechenden *Kontengruppen* eigene Stammsätze im MM-Modul hinterlegt werden.

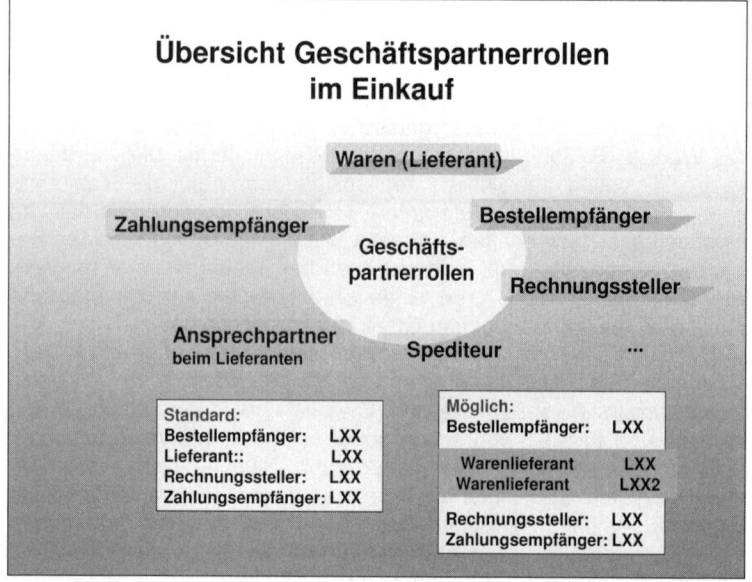

Abbildung 30

So nimmt ein Lieferant z.B. zu Beginn des Einkaufsvorganges zuerst die Rolle des *Bestellempfängers* (-adresse) ein, dann die des *Warenlieferanten*, später ist er *Rechnungssteller* und abschließend der *Zahlungsempfänger*.

Im Standard werden die Partnerrollen Lieferant, Bestellempfänger, Warenlieferant, Rechnungssteller und Zahlungsempfänger unter der einheitlichen Nummer des Lieferantenstammsatzes vorgeschlagen. Es kann auch ein zusätzlicher Bestellempfänger mit eigener Adresse im Lieferantenstamm festgelegt werden. Hierzu muss in einem ersten Schritt ein entsprechender Stammsatz mit der Kontengruppe Bestellempfänger erstellt werden, der dann dem Lieferanten als alternativer Bestellempfänger in dem Datenbild Partnerrollen zugeordnet wird. Nicht benötigte Felder oder Datenmasken können in Abhängigkeit der *Kontengruppe* ausgeblendet werden. Auch die Art der Nummerierung wird über die Kontengruppe gesteuert.

3.5.6 Übersicht: Abläufe im Einkauf

Zunächst wird der Bedarf an Materialien (oder Dienstleistungen) in der Fachabteilung (z.B. Verkauf) oder im Rahmen der Disposition ermittelt. Der konkrete Bedarf wird in einer *Bestellanforderung (BANF)* festgehalten. Diese kann manuell oder automatisch vom System erzeugt werden. Im Rahmen der *Bezugsquellenermittlung* hat der Einkauf die Aufgabe, den/die optimalen Lieferanten zu ermitteln. Auch hier kann die Bezugsquelle vom System ermittelt oder vom Benutzer eingegeben werden. Sind keine Bezugsquellen vorhanden, so können über *Anfragen Angebote* eingeholt und entsprechend Lieferanten ausgewählt werden.

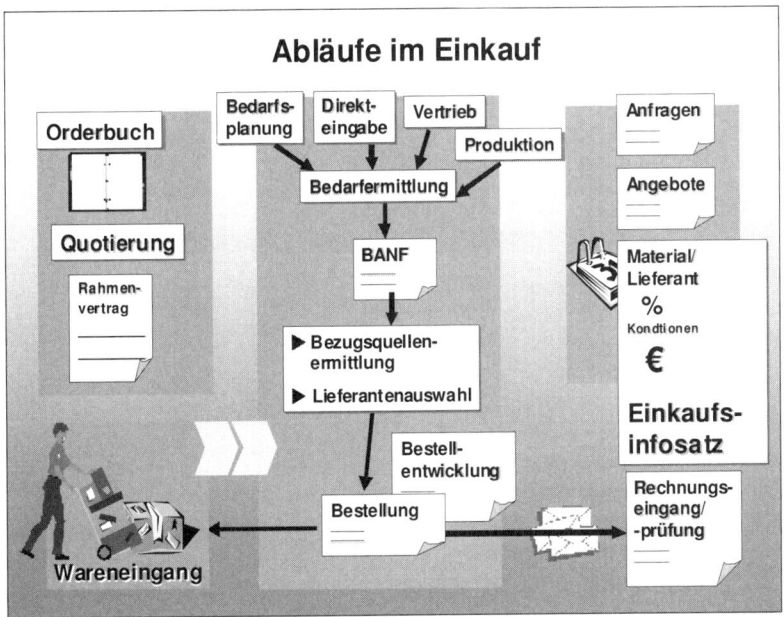

Abbildung 31

Eine Bestellung kann auch unter Bezugnahme eines *Rahmenvertrages (Kontrakt oder Lieferplan)* erfolgen. Hier sind die Materialien und Konditionen bereits fest abrufbereit vereinbart, beim Lieferplan sind darüber hinaus auch die Liefertermine fixiert. Eine Bezugsquelle kann sowohl extern, z.B. ein bestimmter Lieferant, als auch intern, z.B. ein firmeneigenes Werk sein. Hilfreich bei der Bezugsquellenermittlung ist das sogenannte *Orderbuch*. Im Orderbuch sind die erlaubten bzw. bevorzugten (auch gesperrten!) Bezugsquellen für ein Material aufgeführt.

Hintergrundwissen zu Fallstudie 3: Lieferantenstammsatz und Einkaufsinfosatz anlegen

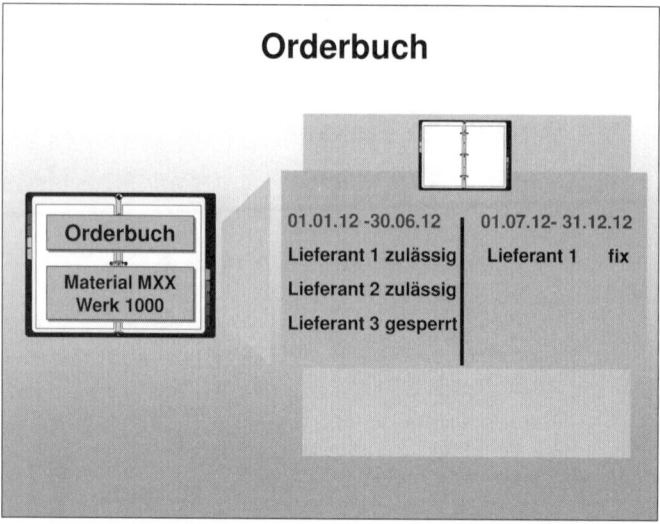

Abbildung 32

Die Orderbuchsätze können durch manuelle Pflege oder durch die Übernahme von Positionen aus Rahmenverträgen oder Einkaufsinfosätzen entstanden sein. Der *Einkaufsinfosatz* enthält die aktuellen Preise und Konditionen eines Lieferanten für ein Material.

Soll ein bestimmtes Material abwechselnd von unterschiedlichen Lieferanten bezogen werden, können die einzelnen Bezugsquellen mit einer Quote versehen werden. Die Quotierung ermöglicht, falls dies erwünscht ist, eine zeitabhängige Aufteilung von Bedarfen auf *verschiedene* Bezugsquellen.

Quotierung

Material: MXX Monitor 19 Zoll
Werk: 1000

                                              bisher:
Zeitraum: 01.01.12 - 31.12.12

Lieferant LXX1	(fremd)	10%	10
Lieferant LXX2	(fremd)	10%	15
Werk Köln	(eigen)	10%	120
Lieferant LXX3	(fremd)	10%	Konsignation 10

Abbildung 33

Bestellungen können wiederum manuell angelegt oder mit Bezug auf Bestellanforderungen oder andere Vorgängerbelege (z.B. Kontrakte) automatisch erzeugt werden. Der weitere Verlauf der Bestellung kann im Rahmen der Bestellentwicklung kontrolliert und ggf. angemahnt werden. Im *Wareneingang* werden die Lieferungen entgegengenommen, geprüft und können dann entweder dem Lager oder direkt der Produktion zum Verbrauch („Just-In-Time") zugeführt werden. Die Rechnungprüfung umfasst die Kontrolle der Übereinstimmung von Bestellung und Faktura. Ist dies sichergestellt, kann der *Zahlungsausgleich* durch die Buchhaltung erfolgen.

3.5.7 Struktur der Einkaufsbelege

Die im Einkauf existierenden Belegarten (Bestellanforderung, Anfrage, Angebot, Bestellung, Kontrakt und Lieferplan) besitzen alle eine gleichartige Struktur.

Ein Einkaufsbeleg im SAP-System untergliedert sich in den *Belegkopf* und die *Belegpositionen*. Die Kopfdaten gelten für alle Positionen in gleicher Weise (z.B. Zahlungs- und Lieferbedingungen). Auf Positionsebene werden Daten wie Materialnummer, Materialkurztext, Bestellmenge, Warengruppe, Liefertermin, Preis und Werk; Positionstyp und Konditionstyp bestimmt. Über den Positionstyp wird die Art der Beschaffung gesteuert (Beschaffung auf das Lager; Streckenabwicklung; Lohnbearbeitung etc.). Die *Zusatzdaten* werden teilweise durch nachfolgende Vorgänge (Wareneingang, Rechungseingang) fortgeschrieben.

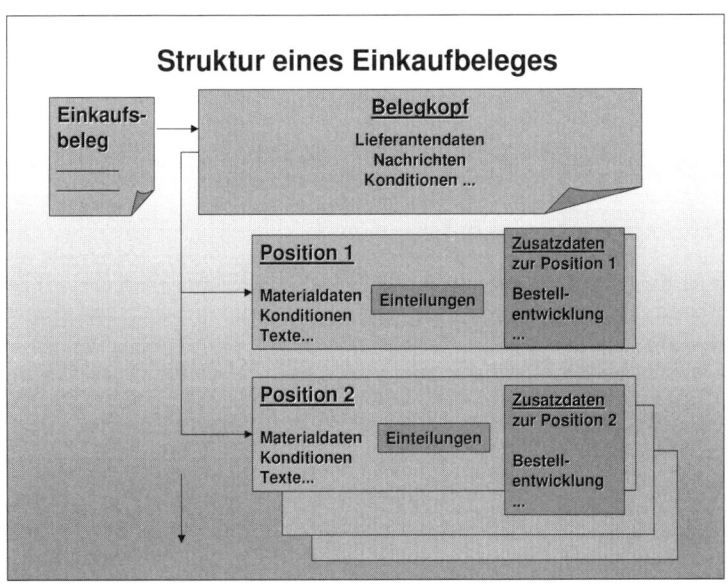

Abbildung 34

3.5.8 Einkaufsinfosatz

Durch den Einkaufsinfosatz wird *eine Beziehung zwischen einem Lieferanten und einem Material* hergestellt. Hier werden aktuelle und zukünftige Preise und Konditionen eines Lieferanten für ein Material hinterlegt. Diese können dann beim Anlegen einer Bestellposition übernommen (referiert) werden. Der Einkäufer erhält Informationen darüber, welche Lieferanten ein bestimmtes Material geliefert haben bzw. welche Materialien ein bestimmter Lieferant bereits geliefert hat.

Abbildung 35

3.5.9 Überblick über die Abläufe im Modul Materialwirtschaft

Abschließend soll durch die folgende Abbildung ein zusammenfassender Überblick über die Komponenten des Moduls Materialwirtschaft gegeben werden:

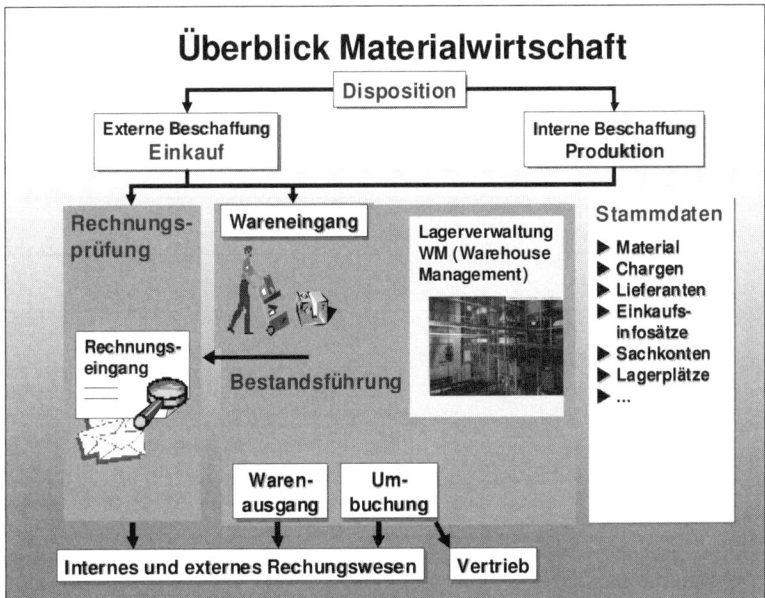

Abbildung 36

Raum für Ihre Notizen:

3.6 Fallstudie 3: Lieferantenstammsatz und Einkaufsinfosatz anlegen

Aufgabe: Legen Sie bitte Ihren eigenen Lieferanten an.
Dieser Lieferant soll zu einem späteren Zeitpunkt den bestandsmäßig noch fehlenden Drucker DRXX, der dem Komplett-PCXX beigestellt wird, liefern. Außerdem soll ein *Einkaufsinfosatz* angelegt werden, aus dem ersichtlich ist, welcher Lieferant, welche Materialien, zu welchen Konditionen liefern kann. Die Vorgehensweise wird im Folgenden beschrieben.

Wählen Sie nun bitte folgenden Menüpfad:
Logistik ⇨ *Materialwirtschaft* ⇨ *Einkauf* ⇨ *Stammdaten* ⇨ *Lieferant* ⇨ *Zentral* ⇨ *Anlegen: (/nXK01)*

Geben Sie ein:
⇨ *Kreditor:* LXX (XX = Platzhalter für Ihr Kürzel)
(falls eine alphanumerische Nummerneingabe nicht erlaubt ist, geben Sie eine Nummer aus dem Nummernkreis zwischen 1 und 99999 ein)

(Hinweis nur für Systemadministratoren: Damit eine alphanumerische Schlüsselangabe vom System bei anderen Kontengruppen akzeptiert wird, wählen Sie bitte: Werkzeuge ⇨ Customizing ⇨ IMG ⇨ Projektbearbeitung ⇨Button SAP Referenz IMG/ Logistik allg.: Geschäftspartner/ Lieferant/ Steuerung/ Nummernkreise für Lieferantenstammsätze festlegen/ Button Nummernkreis drücken/ Nummernkreis XX zu z.B. Kontengruppe LIEF Lieferanten zuordnen und Button Sichern drücken)

⇨ *Buchungskreis:*   1000 (IDES AG)
⇨ *Einkaufsorganisation:*   1000 (IDES Germany)
⇨ *Kontengruppe:*   Lief (ECC 5.0)/ 0002 (ECC 6.0) (Lieferanten)

Markieren Sie alle Sichten. Drücken Sie die *Enter*-Taste. Pflegen Sie nun folgende Felder in den einzelnen Datenmasken (Sichten).

Hinweis: Bitte weichen Sie von den Vorlagedaten nicht ab!

Maske	Feld	Inhalt
Kreditor anlegen Anschrift		Nach Ihren Angaben
	Name	....
	Suchbegriff	....
	Straße/ Hausnummer	....
	Postleitzahl/ Ort	(Postleitzahl bitte 5stellig)
	Land	DE
	Sprache	D
	Telefon-1	....
		nächstes Bild mit Button

Fallstudie 3: Lieferantenstammsatz und Einkaufsinfosatz anlegen

Steuerung	Ust-ID.	Nr	DE987654321
Zahlungsverkehr	Land Bankschlüssel		DE 10020030 (Deutsche Bank)
	Bankkonto		(höchstens 10-stellig)
Kontoführung Buchhaltung	Abstimmkonto		160000 (Kreditoren Verbindlichkeiten – Inland)
	Finanzdispogruppe		A1 (Kreditoren- Inland)
Zahlungsverkehr Buchhaltung	Keine Eintragungen		
Korrespondenz Buchhaltung	Keine Eintragungen		
Einkaufsdaten	Bestellwährung Zahlungsbedingungen Incoterms Verkäufer/in Telefon		EUR 0001 EXW/ Düsseldorf (frei wählbar) (frei wählbar)
Partnerrollen Hinweis bei Version **ECC 5.0**: Nach Eintrag der Partnerrolle (z.B. BA) mit der Tab-Taste in das Feld Nummer gehen; dort Eintrag (LXX) machen und ENTER-Taste drücken Hinweis bei Version **ECC 6.0**: (bei ECC 6.0 und Kontengruppe 0002 (Warenlieferant) keine Eintragungen nötig	Partnerrolle Nummer		BA (Bestelladresse) LF (Lieferant) RS (Rechnungssteller) jeweils LXX

Sichern Sie bitte abschließend Ihren neuen Lieferantenstammsatz.

Tragen Sie den Lieferantenschlüssel in das Blatt Belegübersicht ein!

Gehen Sie im Ändern-Modus nochmals alle Sichten Ihres Lieferantenstammes durch. Legen Sie nun noch *zwei Einkaufsinfosätze* zu Ihrem „neuen" Lieferanten an. Dieser soll die Materialien

               MOXX   (Monitor) und
               DRXX   (Drucker)

zu bestimmten Konditionen liefern können:

Wählen Sie folgenden Menüpfad: Logistik ⇨ Materialwirtschaft ⇨ Einkauf ⇨ Stammdaten ⇨ Infosatz ⇨ Anlegen: (ME11)

Geben Sie im Bild *Einstieg* folgende Daten ein:

- *Lieferant:* LXX (XX = Platzhalter für Ihr Kürzel)
- *Material:* MOXX bzw. später DRXX
- *Einkaufsorganisation:* 1000 (IDES Germany)
- *Werk:* 1000 (Hamburg)
- *Infosatz:* bitte freilassen (da interne Nummernvergabe)
- *Infotyp:* Normal

Drücken Sie die *Enter*-Taste. Pflegen Sie nun folgende Felder in den einzelnen Datenmasken (Sichten):

Hinweis: Bitte weichen Sie von den Vorlagedaten nicht ab!

Maske	Feld	Inhalt
Allgemeine Daten		Machen Sie auf diesem Bild keine weiteren Eingaben. Drücken Sie den Button *Einkaufsorgdaten 1*.
Einkaufsorgdaten 1	Planlieferzeit Einkäufergruppe Normalmenge Unbegrenzt Nettopreis Incoterms	5 Tage 000 20 ankreuzen 450,-- EXW/ Düsseldorf dann *Enter*-Taste drücken
Einkaufsorgdaten 2		Keine Eingaben dann Button *Konditionen* drücken
Bruttopreis anlegen: Zusatzkonditionen		Keine weiteren Eingaben dann Button *Zurück* ⬅ drücken

Sichern Sie den Einkaufsinfosatz und *notieren Sie die vom System vergebene Belegnummer auf dem Blatt Belegübersicht.*
Wiederholen Sie die Anlage eines Infosatzes *entsprechend dem ersten Material* für das Material *DRXX1* mit folgenden Konditionen:

Planlieferzeit: 5 Tage
Einkäufergruppe: 000
Normalmenge: 20 Stück
Unbegrenzt: ankreuzen
Nettopreis: 280,--
Incoterms: EXW/ Köln

Sichern Sie auch diesen Einkaufsinfosatz und *notieren Sie die vom System vergebene Nummer auf dem Blatt Belegübersicht.*

Lassen Sie sich abschließend die Infosätze noch einmal per Liste anzeigen. Wählen Sie hierzu:

Logistik ⇨ *Materialwirtschaft* ⇨ *Einkauf* ⇨ *Stammdaten* ⇨ *Infosatz* ⇨ *Listanzeigen* ⇨ *Zum Lieferanten: (ME1L)*

Geben Sie Ihre *Lieferantenstammnummer* ein und drücken Sie den *Ausführen*-Button. Eine entsprechende Liste wird angezeigt.

Raum für Ihre Notizen:

3.7 Hintergrundwissen Fallstudie 4
Arbeitsplatz anlegen

Inhalt:

3.7.1 SAP spezifische Beschreibung eines Arbeitsplatzes 83
3.7.2 Überblick: Daten des Arbeitsplatzes 84

Raum für Ihre Notizen 85

3.7.1 SAP spezifische Beschreibung eines Arbeitsplatzes

Arbeitsplätze werden als Stammdaten im SAP R/3 *Modul PP (Produktionsplanung und -steuerung)* angelegt und stellen einen Ort bzw. ein Organisationselement dar, an dem Fertigungsvorgänge ausgeführt werden. Arbeitsplätze können

⇨ *Maschinen,*
⇨ *Personen,*
⇨ *Fertigungsstraßen oder*
⇨ *Montagearbeitsplätze* sein.

An Arbeitsplätzen können unterschiedliche (Fertigungs-)*Leistungsarten* erbracht werden, z.B.:

⇨ Einrichtung
⇨ Bearbeitung
⇨ Personal
⇨ Reparatur
⇨ Chemische Nachbearbeitung
⇨ Qualitätskontrolle und Nacharbeit
⇨ Überstundenpersonal.

Arbeitsplätze beeinflussen die *Terminierung*, die *Kalkulation* und die *Kapazitätsberechnung* der an ihnen durchgeführten Arbeitsvorgänge. Der Arbeitsplaner bestimmt hier Formeln, die zur Berechnung der Durchführungszeit, der Kosten und des Kapazitätsbedarfes benötigt werden. Als *Vorschlagswerte* werden diese Daten bei der Pflege von Arbeitsvorgängen übernommen. Durch sogenannte *Vorgabewertschlüssel* wird bestimmt, welche Vorgabewerte für einen bestimmten Arbeitsvorgang in Verbindung mit einem bestimmten Arbeitsplatz gepflegt werden können bzw. müssen. Zum Zwecke der Erzeugnis- und Auftragskalkulation wird einem Arbeitsplatz eine entsprechende *Kostenstelle* zugeordnet. Alle an einem bestimmten Arbeitsplatz durchgeführten und zurückgemeldeten Tätigkeiten werden automatisch auf die zugewiesene Kostenstelle gebucht. Auf diese Weise erfolgt die Integration zwischen PPS-Modul und der Kostenrechnung.

3.7.2 Überblick: Daten des Arbeitsplatzes

Die folgende Abbildung zeigt die wichtigsten Datenbereiche zu einem Arbeitsplatz:

Abbildung 37

Raum für Ihre Notizen:

3.8 Fallstudie 4:
Arbeitsplatz anlegen

Aufgabe: Definieren Sie bitte im R/3 System einen *Arbeitsplatz*, an dem die Komponenten unseres Komplett-PC XX montiert werden sollen.

Wählen Sie hierzu folgenden Menüpfad:

Logistik ⇨ *Produktion*⇨ *Stammdaten* ⇨ *Arbeitsplätze* ⇨ *Arbeitsplatz* ⇨ *Anlegen: (CR01)*

Geben Sie ein:
- ⇨ *Werk:* 1000
- ⇨ *Arbeitsplatz:* APXX
- ⇨ *Arbeitsplatzart:* 0007 (Linienplatz)

Drücken Sie die *Enter* – Taste (alternativ den Button *Grunddaten*). Pflegen Sie nun folgende Felder in den einzelnen Datenmasken (Sichten):

Hinweis: Bitte weichen Sie von den Vorlagedaten nicht ab!

Maske	Feld	Inhalt
Grunddaten	Arbeitsplatz(bezeichnung) Planverwendung Vorgabewerteschlüssel	PC-Montageplatz APXX1 009 (Alle Plantypen) SAP1 (Fertigung normal) Um Ihrem Arbeitsplatz eine notwendige *Kostenstelle* zuzuordnen, wählen Sie bitte das Menü: *Springen* ⇨ *Kalkulation*. Machen Sie im Feld *Kostenstelle* den Eintrag *4275 (= Produktion PC I)*. Drücken Sie dann den *ENTER*-Button und anschließend den Button (Reiter) *Vorschlagswerte*
Arbeitsplatz anlegen Vorschlagswerte		Bitte hier keine Eintragungen machen. Drücken Sie den Karteikartenreiter *Kapazitäten* Erscheinendes Fenster mit ja beantworten

Arbeitsplatz anlegen Kapazitätsübersicht	Kapazitätsart Formel Bed. Rüsten Formel Bed. Bearbeiten	002 (Person) SAP005 (Fert.: Bedarf Rüsten) SAP007 (Fert.: Bedarf Person) Drücken Sie dann den Button *Kapazität Kopfdaten (dieser befindet sich im unteren Bildteil; alternativ wählen Sie das Menü: Springen ⇨ Kapazität ⇨ Kopf)*
Arbeitsplatzkapazität anlegen: Kopf	Kapazitätsart Planergruppe Basismaßeinheit Standardangebot: Beginn Ende Nutzungsgrad Pausendauer Anzahl Einzelkapazität	002 ; Text „PC-Monteur" 101 (Kapazitätsplaner 101) STD (Stunden) 07:00:00 16:00:00 95 01:30:00 20 (Monteure) Drücken Sie dann den Button *Enter.* Gehen Sie dann *per grünem Pfeil* eine Maske zurück und drücken Sie dort den Karteikartenreiter *Terminierung*
Arbeitsplatz anlegen: Terminierung	Kapazitätsart Dauer Rüsten Dauer Bearbeiten	002 (Person) SAP001 (Fert.: Dauer Rüsten) SAP003 (Fert.: Dauer Person)

Sichern 🖫 Sie bitte abschließend Ihren neuen Arbeitsplatz. Gehen Sie im Ändern-Modus (Menüpfad: *Arbeitsplatz* ⇨ *Ändern*) nochmals alle Sichten Ihres (PC-Montage-)Arbeitsplatzes durch.

Tragen Sie den Arbeitsplatzschlüssel in das Blatt Belegübersicht ein!

Raum für Ihre Notizen:

3.9 Hintergrundwissen Fallstudie 5
Arbeitsplan anlegen

Inhalt:

3.9.1 Wesen eines Arbeitsplans 90

3.9.2 Arbeitsplanarten 90

3.9.3 Bestandteile eines Normalarbeitsplans 90

3.9.4 Folgen eines Arbeitsplans 91

Raum für Ihre Notizen 93

3.9.1 Wesen eines Arbeitsplans

Arbeitspläne beinhalten Informationen zur Durchführung einer bestimmten Fertigungstätigkeit. Sie stellen in ihrer Gesamtheit quasi das „Drehbuch" der Fertigung dar. Ein Arbeitsplan besteht aus Folgen von Vorgängen, die die Produktion eines Materials und die dabei eingesetzten Ressourcen beschreiben. Jedem Vorgang kann ein Arbeitsplatz zugewiesen werden. Ein Arbeitsplan wird in der Regel *auftragsunabhängig* erstellt.

3.9.2 Arbeitsplanarten

Im R/3 System werden die Typen *Normalarbeitsplan* und *Standardarbeitsplan* unterschieden. Während der Normalarbeitsplan unter Angabe eines oder mehrerer Materialien angelegt wird, erlaubt es der Standardarbeitsplan material-unabhängig Arbeitsvorgänge zu beschreiben. Der Standardarbeitsplan beinhaltet in der Regel Vorgänge, die sich während der Fertigung häufig wiederholen. Normalarbeitspläne können auf Standardarbeitspläne Bezug nehmen („Referenzfunktion"). Durch den Rückgriff auf vorhandene Daten lässt sich der Erfassungsaufwand bei Normalarbeitsplänen verringern.

Arbeitspläne werden *unter Angabe eines Werkes* gepflegt; allerdings können die einzelnen Arbeitsvorgänge eines Arbeitsplanes auch an beliebigen Arbeitsplätzen auch in anderen Werken durchgeführt werden. Somit ist eine werksübergreifende Produktion möglich. Über *Plangruppen* können ähnliche Arbeitspläne in Gruppen zusammengefasst werden.

3.9.3 Bestandteile eines Normalarbeitsplans

Ein Arbeitsplan besteht aus folgenden wesentlichen Elementen:

(1) Das zu fertigende Material: Die charakteristischen produktionstechnischen und physikalischen Eigenschaften eines Materials werden dargestellt

Es bestehen drei Möglichkeiten, Materialien Arbeitsplänen zuzuordnen.

⇨ Für ein Material wird ein Arbeitsplan angelegt
⇨ Es werden mehrere Arbeitspläne zu einem Material angelegt. Hierdurch können *Fertigungsvarianten* abgebildet werden
⇨ Ein Arbeitsplan beschreibt die Produktion mehrerer Materialien (etwa spiegelbildliche Materialien wie z.B. rechte und linke Türen).

(2) Vorgänge: Arbeitsvorgänge beschreiben die einzelnen Fertigungsschritte innerhalb eines Arbeitsplanes. In der Datenmaske *Vorgangsübersicht* werden alle wichtigen Daten (zugeordneter Arbeitsplatz, Steuerschlüssel; Vorgangsbeschreibung etc.) zu einem Arbeitsschritt gespeichert:

⇨ *Steuerschlüssel*: Über diesen Schlüssel wird bestimmt....
- ob ein Vorgang *kalkuliert* wird
- - ob ein Vorgang in die *Kapazitätsberechnungen* mit einfließt
- - ob er und wie er *zurückgemeldet* werden muss
- - ob *Nachrichten* (z.B. Lohnscheine) ausgegeben werden können.

⇨ *Vorgangsbeschreibung*
Hier können neue, den Vorgang beschreibende Texte erfasst oder auf bestehende Textbausteine aus dem Arbeitsplatz zurückgegriffen werden

Im *Detailbild* können spezielle Informationen zum Vorgang (z.B. zur Fremdbearbeitung, Splittung, Überlappung) und zu den Vorgabewerten hinterlegt werden. Vorgabewerte (z.B. Rüstzeiten; Maschinenzeiten; Personalzeiten) werden entweder manuell gepflegt oder automatisch ermittelt.
Bestimmte, durch einen speziellen Steuerschlüssel gekennzeichnete Arbeitsvorgänge, können von *auswärts* bezogen und dort auch bearbeitet werden (Fremdbearbeitung bzw. „verlängerte Werkbank"). Jeder Arbeitsvorgang kann durch einen *Untervorgang* genauer beschrieben werden.
Zu einem Vorgang können weitere Materialkomponenten, Fertigungshilfsmittel und Prüfmerkmale zugeordnet werden, die für die Ausführung eines Vorgangs notwendig sind.

⇨ *Fertigungs- und Fertigungshilfsmittel:*
Fertigungsmittel können beispielsweise über Programme gesteuerte (CNC oder DNC) Maschinen oder flexible Fertigungszellen sein. Diese können den einzelnen Vorgängen zugeordnet werden. Fertigungshilfsmittel sind mobile Betriebsmittel wie Vorrichtungen, Werkzeuge, Zeichnungen oder Mess- und Prüfmittel.

⇨ *Prüfmerkmale:*
Zum Zweck der Qualitätsprüfung werden innerhalb eines Prüfplans einzelne *Prüfvorgänge* hinterlegt; jeder Prüfvorgang enthält die zu prüfenden *Merkmale* und die hierzu benötigten *Prüfmittel.*

3.9.4 Folgen eines Arbeitsplans

Bestimmte Vorgänge des Arbeitsplans lassen sich in sogenannten *Folgen* zusammenfassen. Diese lassen Rückschlüsse auf die zeitliche und alternative Abarbeitung von Vorgängen zu. Im R/3 System werden verschiedene Arten von Folgen verwendet

⇨ *Stammfolge:*
Vorgelagerte und nachgelagerte Vorgänge einer linearen Fertigung werden hierdurch beschrieben. Zur Beschreibung reicht eine Stammfolge aus.

⇨ *Parallele Folge:*
Diese verlaufen zeitlich parallel zu einer Stammfolge

⇨ *Alternative Folge:*
Diese beschreiben alternative Fertigungsvarianten (z.B. Metallscharnier oder Kunststoffscharnier) und schließen sich gegenseitig aus.

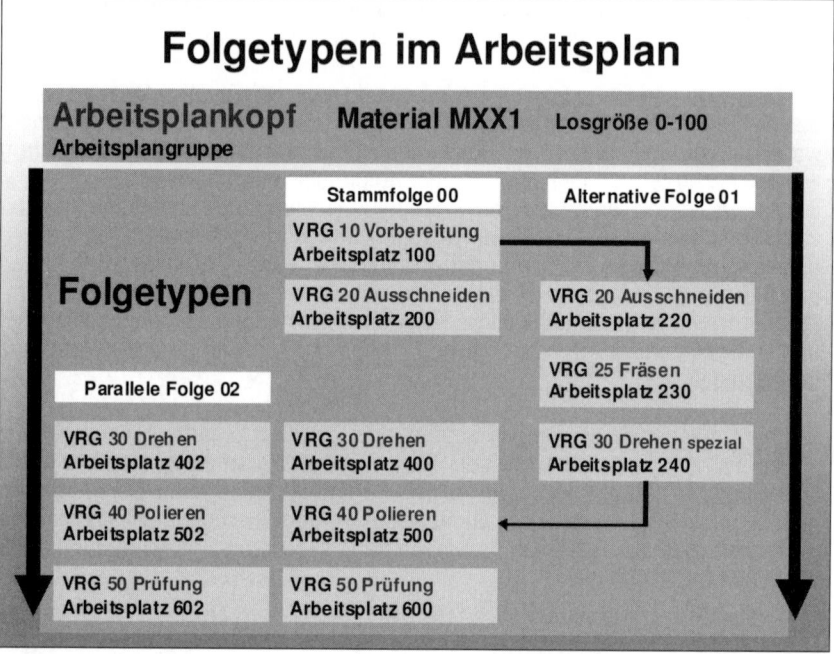

Abbildung 38

Raum für Ihre Notizen:

3.10 Fallstudie 5: Arbeitsplan anlegen

Aufgabe: Erstellen Sie bitte im R/3 System einen *Arbeitsplan*, der die Montage der Komponenten zum Komplett-PC XX dokumentiert.

Wählen Sie hierzu folgenden Menüpfad:
Logistik ⇨ *Produktion* ⇨ *Stammdaten* ⇨ *Arbeitspläne* ⇨ *Arbeitspläne* ⇨ *Normalarbeitspläne* ⇨ *Anlegen: (CA01)*

Geben Sie im Bild *Normalarbeitsplan Anlegen: Einstieg* folgende Daten ein:

⇨ *Material:*	PCXX1
⇨ *Werk:*	1000
⇨ *übrige Felder:*	bitte freilassen
⇨ *Plangruppe:*	bitte freilassen (wird beim Sichern vom System vergeben)

Drücken Sie die *Enter*-Taste. Pflegen Sie nun folgende Felder in den einzelnen Datenmasken (Sichten).

Hinweis: Bitte weichen Sie von den Vorlagedaten nicht ab!

Maske	Feld	Inhalt
Normalarbeitsplan Anlegen: Kopfdetail	Verwendung Status Plan	1 (Fertigung) 4 (Freigegeben allgemein) Drücken Sie danach den Button *Folgenübersicht* 🔍 **Folgen**

Normalarbeitsplan Anlegen: Folgenübersicht
 	
`Folge F Folgenart A Ab`
`▶0   0 Stammfolge 2`
		Markieren Sie die Zeile mit der Folgenart Stammfolge:
		
		Drücken Sie danach den Button *Vorgangsübersicht*
		
		🔍 **Vorgänge**

Normalarbeitsplan Anlegen: Vorgangsübersicht	1. Vorgang Arbeitsplatz Steuerschlüssel Beschreibung 2. Vorgang Arbeitsplatz Steuerschlüssel Beschreibung 3. Vorgang Arbeitsplatz Steuerschlüssel Beschreibung 4. Vorgang Arbeitsplatz Steuerschlüssel Beschreibung 5. Vorgang Arbeitsplatz Steuerschlüssel Beschreibung	APXX PP01 (Eigenfertigung) (Hinweis: Um Eintrag zu finden in Suchmaske etwas nach unten scrollen) *Vorbereiten der Komponenten* APXX PP01 (Eigenfertigung) *Einbau Zentraleinheit in Gehäuse* APXX PP01 (Eigenfertigung) *Einbau BR-Brenner in Gehäuse* APXX PP01 (Eigenfertigung) *Funktionskontrolle* APXX PP01 (Eigenfertigung) *Verkaufsfähig verpacken* Markieren Sie *alle Vorgänge* und wählen Sie den Menüpunkt *Detail* ⇨ *Vorgangsdetail* (alternativ: Doppelklick auf Vorgangszeile) und machen Sie folgende Einträge (bitte hierzu etwas nach unten scrollen):

Normalarbeitsplan anlegen: Vorgangsdetail	Vorgabewert Personalzeit Einheit Leistungsart	10 MIN (Minuten) freilassen Drücken Sie den Button *Nächster Vorgang* ▶ Pflegen Sie entsprechend Vorgang 1: Vorgang 2: Personalzeit 15 min Vorgang 3: Personalzeit 15 min Vorgang 4: Personalzeit 15 min Vorgang 5: Personalzeit 5 min (Die Eingaben in dieser Maske können entfallen, falls die angeführte Leistungsart nicht für die vorgesehene Kostenstelle eingerichtet wurde)

Sichern 💾 Sie bitte abschließend Ihren neuen Arbeitsplan. Es erscheint in der Statuszeile folgende Meldung:

NorArbPlan wird mit Plangruppe 5xxxxxxx zu Material PCXX1 gesichert.

Gehen Sie im Ändern-Modus nochmals alle Sichten Ihres Arbeitsplanes durch. *Tragen Sie den Plangruppenschlüssel in das Blatt Belegübersicht ein!*

Raum für Ihre Notizen:

3.11 Hintergrundwissen Fallstudie 6
Material-/Vertriebsstückliste anlegen

Inhalt:

3.11.1 Definition und Erscheinungsformen von Stücklisten
im SAP ERP R/3® 99
3.11.2 Stücklistenarten (-typen) 100
3.11.3 Stücklistenaufbau 101
3.11.4 Stücklistenverwendung 103

Raum für Ihre Notizen 105

3.11.1 Definition und Erscheinungsformen von Stücklisten in SAP R/3

Eine Stückliste ist ein *Verzeichnis*, das alle zugehörigen Teile eines Materials nach *Bezeichnung, Sachnummer, Menge und Einheit* darstellt. Stücklisten werden je nach Typ formal unterschiedlich dargestellt. Durch Stücklisten können beispielsweise *Produktstrukturen* für unterschiedlichste *Fertigungsarten (-typen)* (z.B. Serien- und Variantenfertigung; Prozessfertigung und Kundeneinzelfertigung) dargestellt werden. Je nach Branche spricht man auch von Rezeptur- oder Zutatenlisten.

Fertigungsarten

Fertigungsarten	Beispiele
Projektfertigung	Luft- und Raumfahrtindustrie Schiffsbau Sondermaschinenbau
Einzelfertigung/ Montagefertigung	Automobilindustrie Möbelindustrie Maschinenbau
Losfertigung	Elektroindustrie Maschinenbau Metallindustrie
Serienfertigung	Konsumgüter Elektronik Verpackungsmaterialien Textilindustrie
Prozessfertigung	Chemische Industrie Lebensmittelindustrie Pharmazeutische Industrie

Abbildung 39

Sowohl das Enderzeugnis, als auch untergeordnete Komponenten werden als *Baugruppe* bezeichnet. Jede dieser Komponenten kann wiederum aus einer oder mehreren Baugruppen bestehen. Somit werden komplette Erzeugnisstrukturen im R/3-System grundsätzlich in Form von *Baukastenstücklisten* dargestellt.

Andere Darstellungsformen wie etwa Struktur- oder Mengenübersichtsstücklisten können jederzeit aus den Baukastenstücklisten abgeleitet werden.

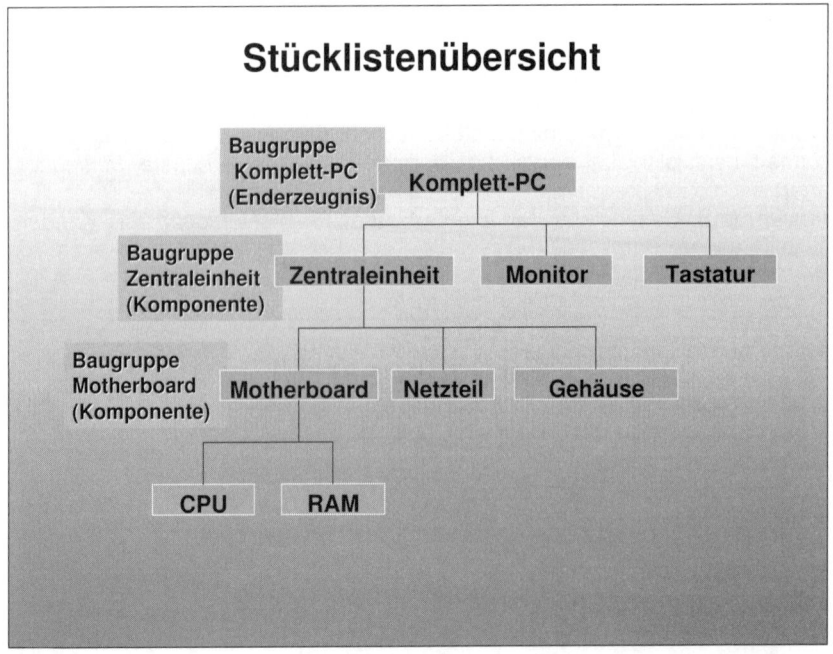

Abbildung 40

3.11.2 Stücklistenarten (-typen)

Stücklisten werden z.B. zur Durchführung der Materialbedarfsplanung und für die Produktkalkulation benötigt. Im R/3 System stehen verschiedene Stücklistentypen zur Verfügung

⇨ *Einfache Materialstückliste:* Beschreibt die fest zugeordneten Einzelteile eines übergeordneten Materials.

⇨ *Variantenstückliste:* Von den Einzelteilen her ähnliche Materialien können durch diese Stücklistenform beschrieben werden. Durch eine gemeinsame Stücklistenstruktur wird der Erfassungsaufwand verringert.

⇨ *Mehrfachstückliste:* Diese stellt ähnliche Materialien dar, die aber in den Punkten Herstellungsverfahren, Komponenten und Mengenverhältnisse voneinander abweichen können.

⇨ *Kundenauftragsstückliste:* Sie beschreibt die Struktur eines Materials, das im Rahmen einer Kundeneinzelfertigung produziert werden soll.

⇨ *Konfigurierbare Stückliste:* Durch Hinterlegung von Beziehungswissen kann ein Material mit komplexen Variantenstrukturen automatisch zusammengestellt werden. Die einzelnen Komponenten sind miteinander verknüpft, d.h. sie können sich ausschließen oder eine komplementäre Verbindung aufweisen. Eine Maximalstückliste enthält die Komponenten aller möglichen Produktvarianten. Das tatsächliche Produkt wird nach den im System als Merkmale definierten Kriterien konfiguriert. Mögliche Merkmale für einen PC sind z.B. verschiedene Monitor-, RAM-, CPU- und Festplattengrößen. Der Kunde kann während der Auftragserfassung bezüglich des jeweiligen Merkmals zwischen verschiedenen Ausprägungen (= Merkmalswerte; z.B. 21 oder 24 Zoll Monitor)) wählen.

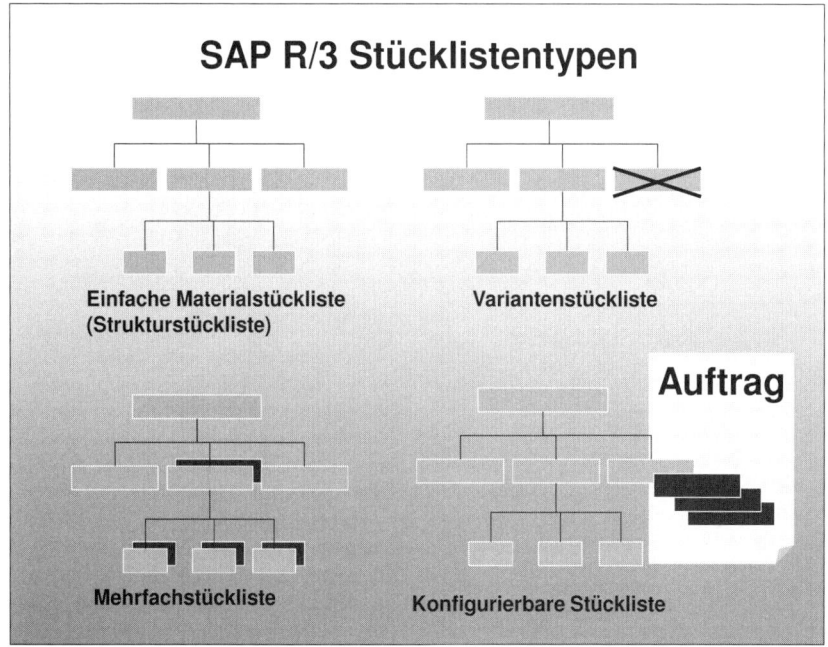

Abbildung 41

3.11.3 Stücklistenaufbau

Grundsätzlich besteht eine Stückliste aus *Kopf-* und aus *Positionsdaten*. Auf Kopfebene werden durch den Planer gültige Werke und Gültigkeitszeiträume festgelegt. Im Rahmen der Statusverwaltung wird eine Stückliste zur Fertigung freigegeben.
Auf Positionsebene werden die Bestandteile (Komponenten) einer Baugruppe oder eines Fertigmaterials beschrieben. Verschiedene einander ausschließende Positionstypen beschreiben die Komponenten näher:
Für lagerhaltige Komponenten wird eine *Lagerposition* angelegt. *Nichtlagerpositionen* erlauben die Pflege von Einkaufsdaten. Sie werden direkt beschafft und nicht bestandsmäßig geführt. Bei *Rohmaßpositionen* werden auf der

Grundlage angegebener Rohmaße automatisch entsprechende Verbrauchsmengen berechnet. *Dokumentenpositionen* weisen Stücklisten benötigte Unterlagen (z.B. Konstruktionszeichnung, CAD-Daten, Arbeits- und Sicherheitsanweisungen) zu. In *Textpositionen* können in freier Form Informationen zu bestimmten Stücklistenpositionen untergebracht werden. Konfigurierbare Stücklisten besitzen *Klassenpositionen*, die als Platzhalter für bestimmte Materialklassen (z.B. Festplattengröße, Arbeitsspeicher) stehen. Wird das Enderzeugnis konfiguriert, wird die Materialklasse im Rahmen der Materialbewertung durch eine konkrete Ausprägung (z.B. Festplatte Seagate 4TB oder 32 GB RAM) ersetzt.

Jede Position kann zusätzlich durch *Unterpositionen* genauer beschrieben werden (z.B. Einbauort bestimmter Komponenten).

Die Stücklistenaktualisierung kann über entsprechende Schnittstellen durch externe CAD-Systeme erfolgen.

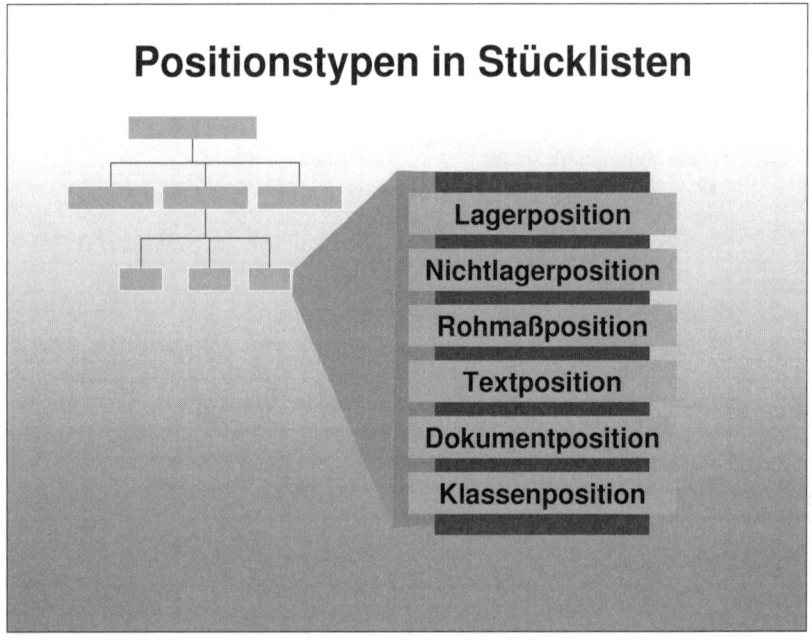

Abbildung 42

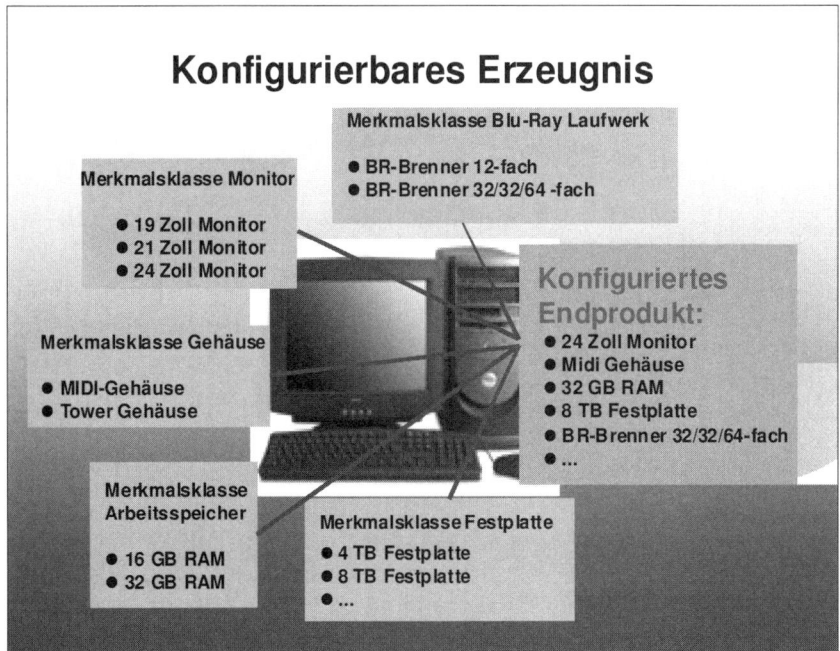

Abbildung 43

3.11.4 Stücklistenverwendung

Zudem sind *abteilungsspezifische Sichten* auf eine Stückliste möglich. Die *Stücklistenverwendung* ermöglicht es, dass jeder Unternehmensbereich *(z.B. Vertrieb, Konstruktion, Fertigung, Kalkulation)* seine eigenen Stücklisten pflegt, in denen nur die bereichsspezifischen Informationen bearbeitet werden.

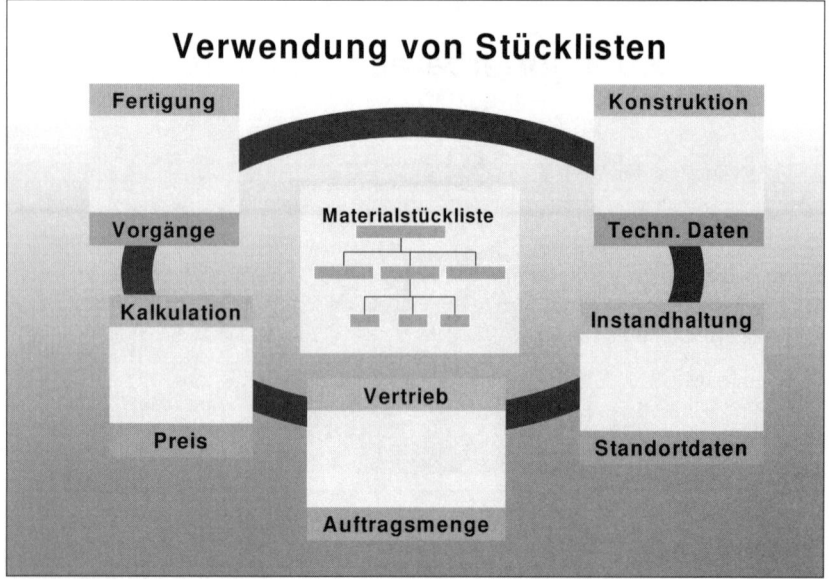

Abbildung 44

Raum für Ihre Notizen:

3.12 Fallstudie 6: Material- und Vertriebsstückliste anlegen

Aufgabe: Hinterlegen Sie bitte im R/3 System eine *Materialstückliste* für die *Verwendungszwecke Fertigung und Vertrieb* für das Fertigerzeugnis Komplett-PC mit der Materialnummer PCXX.

Wählen Sie hierzu folgenden Menüpfad:

Logistik ⇨ *Produktion* ⇨ *Stammdaten* ⇨ *Stücklisten* ⇨ *Stückliste* ⇨ *Materialstückliste* ⇨ *Anlegen: (CS01)*

Geben Sie im Bild *Materialstückliste anlegen: Einstieg* folgende Daten ein:

⇨ Material: PCXX
⇨ Werk: 1000 (Hamburg)
⇨ Verwendung: 1 (= Fertigung)

Drücken Sie die *Enter* – Taste. Pflegen Sie nun folgende Felder in der Datenmaske:

Hinweis: Bitte weichen Sie von den Vorlagedaten nicht ab!

Maske	Feld	Inhalt
Materialstückliste anlegen: Positionsübersicht allgemein	Positionstyp(PTp) Komponente Menge ME (Mengeneinheit) Bitte Eingaben entsprechend wiederholen für die Komponenten:	L (=Lagerposition) ZEXX 1 ST (Stück) BRXX GHXX MSXX TAXX MOXX

Überprüfen Sie nochmals alle Positionen auf Vollständigkeit.

Drücken Sie dann die *Enter-Taste*. *Sichern* 🖫 Sie bitte abschließend Ihre Materialstückliste.

Sie gelangen zurück auf die Maske: *Materialstückliste anlegen: Einstieg*. Im Folgenden sollen Sie Ihre Materialstückliste um den Verwendungszweck *Vertrieb* erweitern.

Geben Sie hierzu im Bild *Materialstückliste anlegen: Einstieg* folgende Daten ein:

- ⇨ *Material:*   PCXX
- ⇨ *Werk:*   1000 (Hamburg)
- ⇨ *Verwendung:*   5 (= Vertrieb)

Drücken Sie die *Enter*-Taste. Pflegen Sie nun folgende Felder in der Datenmaske:

Hinweis: Bitte weichen Sie von den Vorlagedaten nicht ab!

Maske	Feld	Inhalt
Materialstückliste anlegen: Neue Materialpositionen (1-zeilig)	Positionstyp(PTp)	L (= Lagerposition)
	Komponente	ZEXX
	Menge	1
	ME (Mengeneinheit)	ST (Stück)
	Bitte Eingaben entsprechend wiederholen für die Komponenten:	BRXX GHXX MSXX TAXX MOXX

Überprüfen Sie nochmals alle Positionen auf Vollständigkeit. Drücken Sie dann die *Enter-Taste*.
Sichern 🖫 Sie bitte abschließend Ihre erweiterte Materialstückliste.

Raum für Ihre Notizen:

3.13 Hintergrundwissen Fallstudie 7
Kundenauftrag anlegen

Inhalt:

3.13.1 Übersicht über die Komponenten des Moduls SD Vertrieb 110

3.13.2 Verkaufsbelege 119

3.13.3 Belegfluss und Status 123

3.13.4 Preisfindung und Konditionen 124

3.13.5 Verfügbarkeitsprüfung 127

3.13.6 Versand- und Transportterminierung 128

3.13.7 Versandstellenfindung 129

Raum für Ihre Notizen 131

Hintergrundwissen zu Fallstudie 7: Kundenauftrag anlegen

3.13.1 Übersicht über die Komponenten des Moduls SD Vertrieb

Im Modul *SD (Sales Distribution)* finden sich vielfältige Funktionen zur Durchführung der typischen Aufgaben des Vertriebs wie der Verkauf, der Versand und die Fakturierung. Durch weitere Komponenten wird die Abwicklung von Außenhandelsgeschäften und Transportbewegungen erleichtert. In der Komponente Vertriebsinformationsssytem werden Vertriebsdaten gesammelt, um sie zu analysieren, auszuwerten und ggf. zu Planungszwecken zu verwenden. Die Grundinhalte der einzelnen Komponenten des Moduls Vertrieb sollen im Folgenden näher erläutert werden:

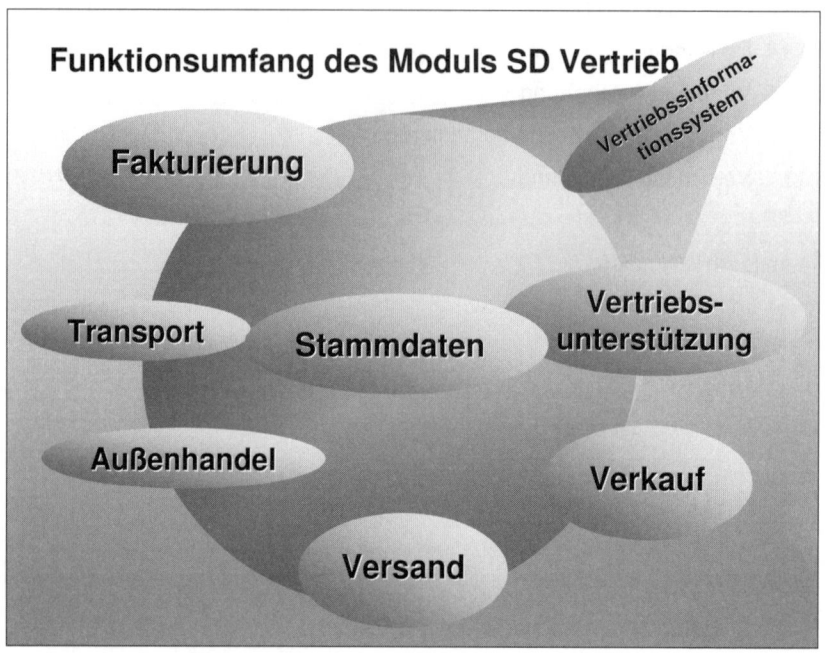

Abbildung 45

(1) Stammdaten

Diese bilden die Datenbasis für die operativen Vertriebsvorgänge. Im *Materialstamm* sind spezielle, vertriebsspezifische Sichten (Verkauf, Vertriebstexte, Fakturierung etc) integriert. Ebenso können Informationen aus dem *Kundenstamm* (Adresse, Liefer- und Zahlungsbedingungen etc.) in die vertriebsspezifischen Belege (Anfragen, Angebote, Aufträge etc.) übernommen („referiert") werden. Eine Übersicht über referierte Daten aus den Stammsätzen während der Auftragserfassung zeigt folgende Abbildung:

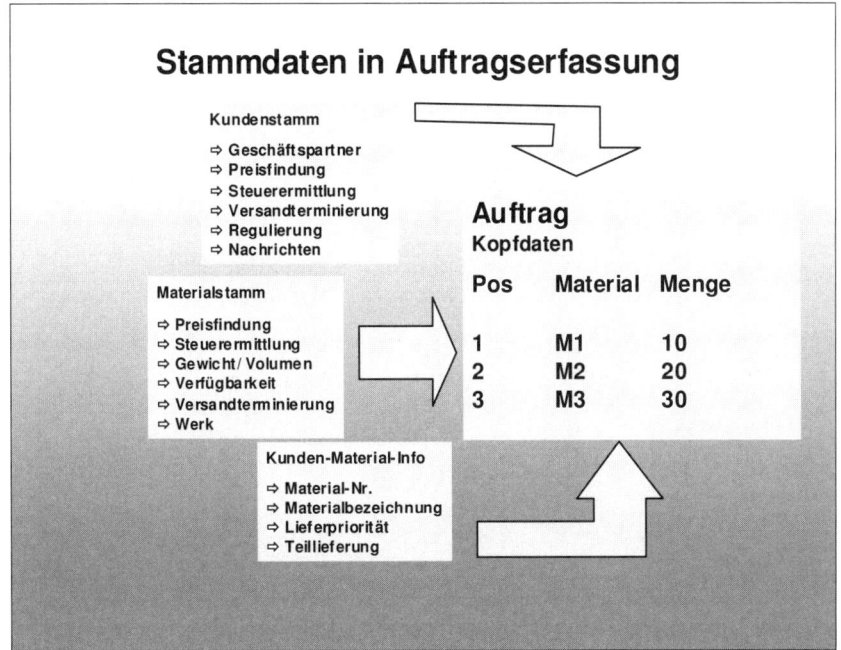

Abbildung 46

Im Rahmen der Preisfindung können mit Hilfe der Konditionstechnik automatisch verschiedene Materialpreise, Zu- und Abschläge (z.B. Kunden- und Mengenrabatte), Frachtgebühren und Verkaufssteuern ermittelt und vorgeschlagen werden. Die vom System ermittelten Konditionen können in den Belegen jedoch z.T. auch manuell überschrieben werden.

Im Rahmen eines sogenannten *Kunden-Material-Infosatzes* kann ein Kunde unter seiner hauseigenen Artikelnummer und -bezeichnung Waren und Dienstleistungen bestellen.

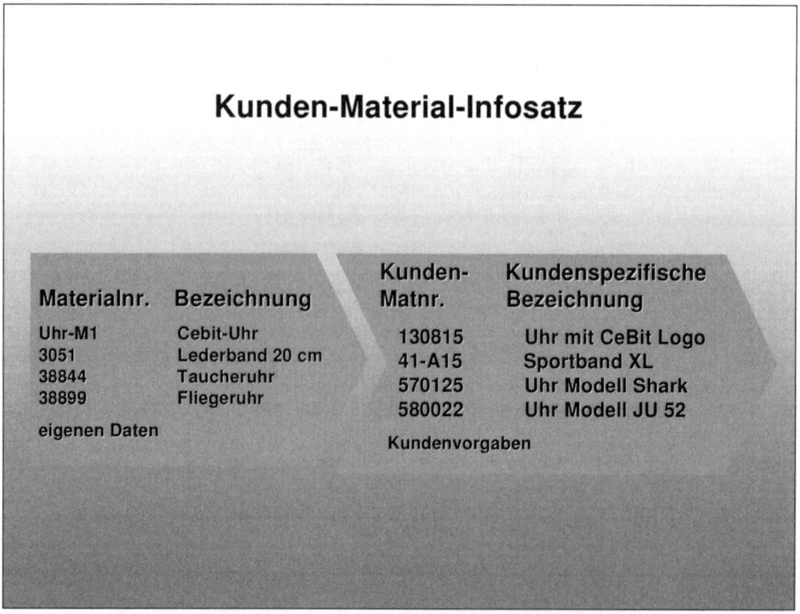

Kunden-Material-Infosatz

Materialnr.	Bezeichnung	Kunden-Matnr.	Kundenspezifische Bezeichnung
Uhr-M1	Cebit-Uhr	130815	Uhr mit CeBit Logo
3051	Lederband 20 cm	41-A15	Sportband XL
38844	Taucheruhr	570125	Uhr Modell Shark
38899	Fliegeruhr	580022	Uhr Modell JU 52
eigenen Daten		Kundenvorgaben	

Abbildung 47

Die Funktion *Materialfindung* substituiert bestimmte Materialien aus bestimmten Gründen (z.B. Produktionsfehler; EAN-Nummer; Werbeaktionen; Beispiel: Während der Auftragserfassung wird ein Standardmaterial durch ein für den Kunden günstigeres, vergleichbares Werbematerial ersetzt.). Des weiteren können in der Komponente Stammdaten Informationen zu vereinbarten *Rahmenverträgen* (Materialien, Mengen, Preise, Gültigkeit) in der Form von *Kontrakten* und *Lieferplänen* hinterlegt werden. Beim Kontrakt werden Materialien, Preise und Gesamtmengen vereinbart, beim Lieferplan werden außerdem feste Liefertermine für Teillieferungen fixiert. Es können Stammdaten für *Sortimente*, das heißt spezifische, komplementäre Materialzusammenstellungen in einem Sortimentsbeleg hinterlegt werden. Unter Angabe der entsprechenden Belegnummer können die Sortimentspositionen automatisch in ein Angebot oder einen Kundenauftrag übernommen werden:

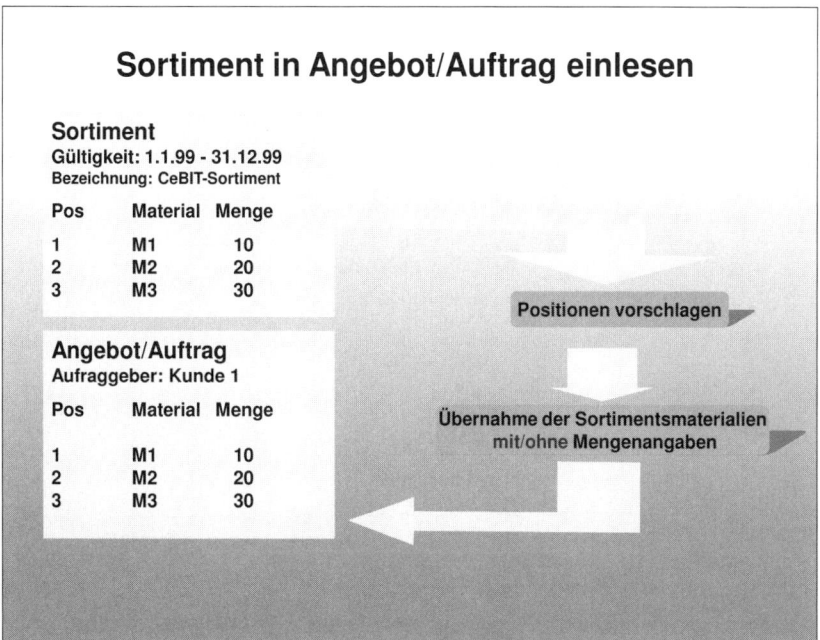

Abbildung 48

(2) Verkauf

Im Verkauf werden alle Aktivitäten von der Anfragebearbeitung über die Angebotserstellung bis zur Bearbeitung der verschiedenen Aufträge (Barverkauf, Terminauftrag, Retouren, Gutschriftsanforderungen etc.) abgebildet. Dabei können einmal erfasste Daten wie Auftraggeber, Warenempfänger, Materialien, Preise und Liefertermine etc. aus Vorgängerbelegen übernommen werden (z.B. von einem Angebot in einen Auftrag):

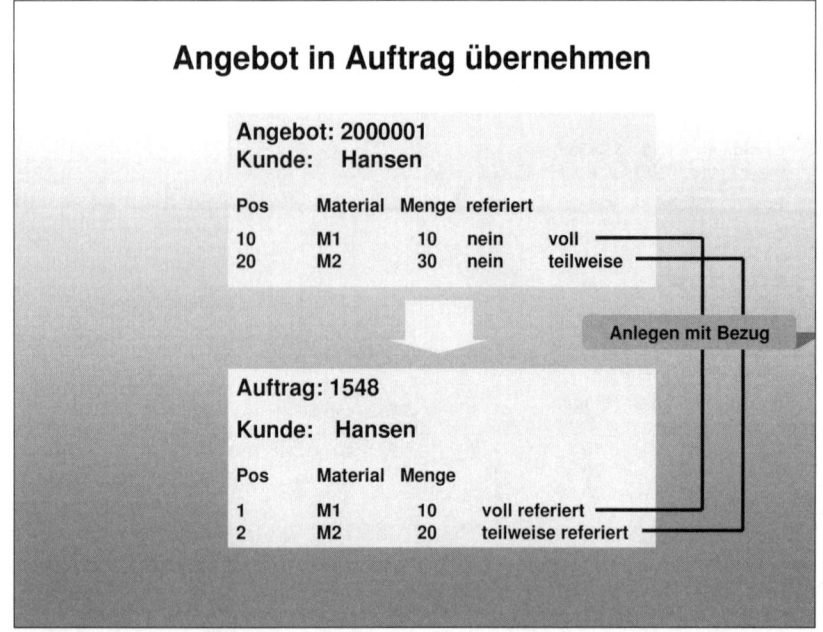

Abbildung 49

Innerhalb der Verkaufserfassung werden diverse Funktionen wie die Verfügbarkeitsprüfung, die Preisfindung, die Versand- bzw. Lieferterminberechnung und ggf. eine Kreditlimitprüfung automatisch durchgeführt. Die Funktion *Belegfluss* informiert den Verkäufer über den Stand der Auftragsbearbeitung.

(3) Vertriebsunterstützung

Im Rahmen der Vertriebsunterstützung werden werbe-, marketing- und verkaufsrelevante Daten über (potentielle) Kunden, Außendienstmitarbeiter (Vertriebsbeauftragte) und Vertragspartner hinterlegt. Ebenso können Stammsätze zu *Wettbewerbern* und ihren *Produkten* angelegt werden. Innerhalb dieser insbesondere die *Kundenakquisition* unterstützende Komponente können Adressbestände selektiert und für *Mailingaktionen* verwendet werden. Die Kundenakquisition und –betreuung kann durch sogenannte *Kontaktbelege* dokumentiert werden. Hier werden nach verschiedenen *Kontaktarten* (z.B. Besuch, Telefonat, Brief) getrennt vielfältige Informationen zu Kunden, *Interessenten*, und persönlichen *Ansprechpartnern* hinterlegt. Diese Daten dienen der Dokumentation und auch der Vorbereitung der verkaufsrelevanten Interaktionen. Der Außendienstmitarbeiter kann z.B. Besuchsergebnisse beschreiben und einen zukünftigen Kundenbesuch terminieren. Daten aus dem Vertriebsinformationssystem (z.B. Auftragsbestand, Umsätze) lassen sich unmittelbar abrufen.

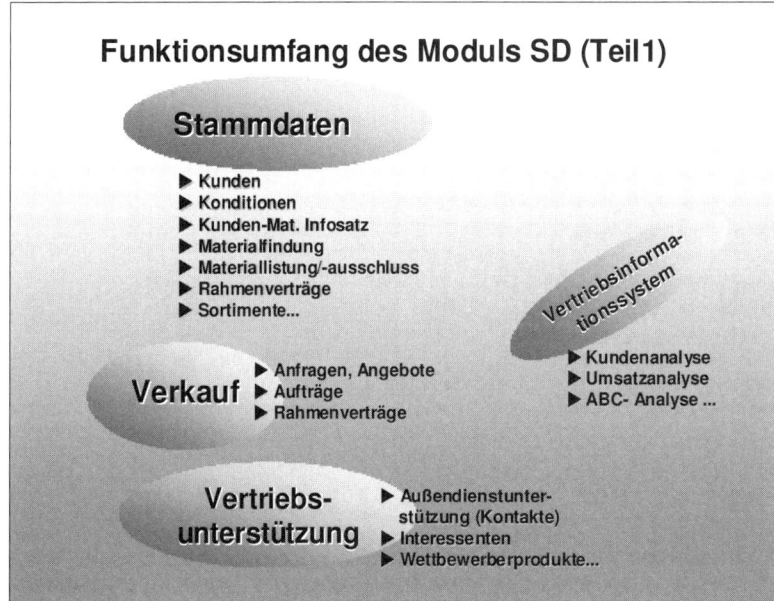

Abbildung 50

(4) Vertriebsinformationssystem

Im Rahmen der Komponente *Vertriebsinformationssystem (VIS)* können Informationen aus der operativen Vertriebsabwicklung
- gesammelt,
- verdichtet und
- statistisch ausgewertet werden.

Umfang und Flexibilität dieses Werkzeuges sind enorm. Das Vertriebsinformationssystem ist Bestandteil des sog. Logistikinformationssystems (LIS), das auf Informationssysteme auch anderer Komponenten, wie beispielsweise der Materialwirtschaft und der Produktion zugreift.

Das Vertriebsinformationssystem liefert vor allen Dingen Entscheidungsträgern der mittleren und oberen Managementebene (Vertriebs-/Verkaufsleiter; Geschäftsführer) wertvolle aggregierte Daten aus den operativen Anwendungen. Die Tiefe der Informationen kann dabei vom User individuell festgelegt werden. Basis der Analysen sind *Statistikdateien*, die auch *Informationsstrukturen* genannt und permanent fortgeschrieben werden. Diese Informationsstrukturen beinhalten wichtige *Kennzahlen* (Auftragseingänge, Umsätze, Retouren etc.), und *Merkmale* (z.B. Vertriebsweg, Verkaufsbüros, Sparte, Kunde, Material), die direkt aus der operativen Anwendung online fortgeschrieben werden. Die folgende Abbildung verdeutlicht nochmals den grundsätzlichen Aufbau der Informationsstrukturen:

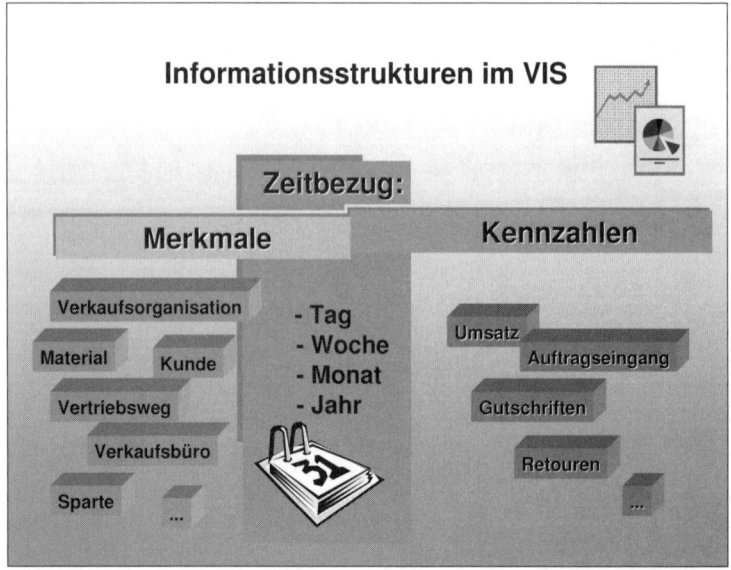

Abbildung 51

Die *Standardanalysen* sind ein wichtiger Teil des Vertriebsinformationssystems. Hier unterstützen vordefinierte Analysen den Vertrieb:

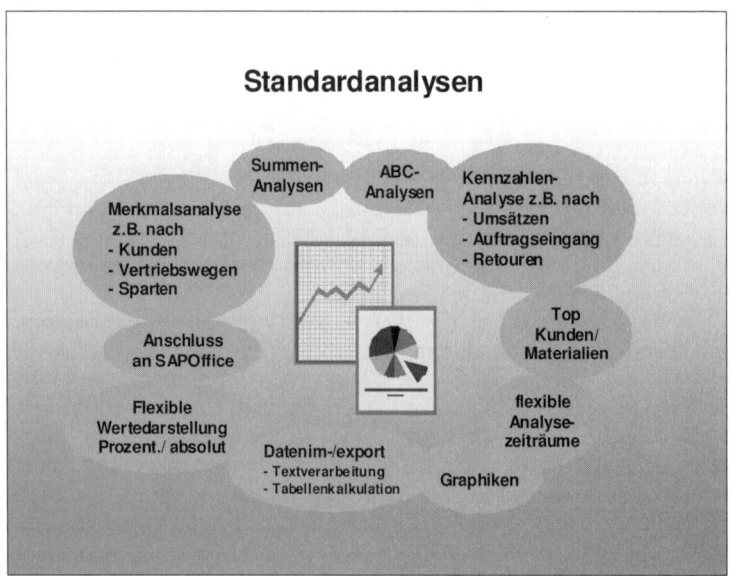

Abbildung 52

Voraussetzung dafür, dass bestimmte Materialien bzw. Kunden in die statistischen Auswertungen des Vertriebsinformationssystems mit einbezogen werden, ist deren Kennzeichnung im Feld:

⇨ Bei Kunden: Feld *Statistikgruppe Kunde* in der *Sicht Verkauf/ Vertriebsbereich...*
⇨ Bei Materialien: Feld *Statistikgruppe Material* in der *Sicht Vertrieb/ Verkaufsorgdaten...*
...in den entsprechenden Stammsätzen.

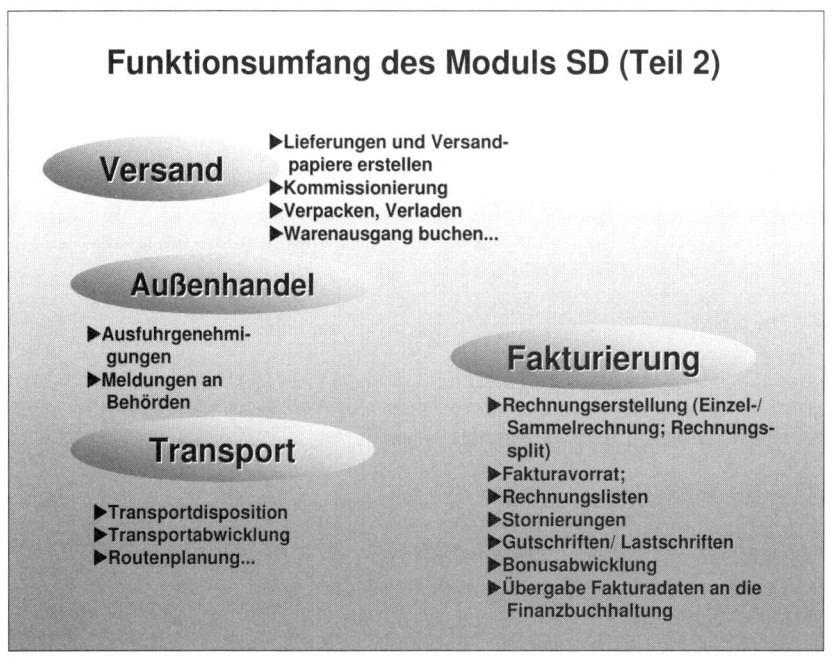

Abbildung 53

(4) Versand

Die Versandabteilungen sind für die termingerechte Bereitstellung und Versendung der im Kundenauftrag fixierten Waren und Dienstleistungen verantwortlich. Die Auftragsdaten werden in die *Lieferungsdaten* übernommen. Zur Absicherung der Auslieferungsaktivitäten wird nochmals zu Lieferbeginn eine *Verfügbarkeitsprüfung* der Materialien durchgeführt. Sind alle Materialien vorhanden, erfolgt die Entnahme der Materialien aus den Lagerorten zum Zwecke der *Kommissionierung*, Verpackung und Verladung. Die tatsächlich dem Lager entnommene Menge entspricht der sogenannten *Pick-Menge*, die vom Kommissionierer zurückgemeldet werden muss. Die Kommissionierung kann auch unter Anbindung eines Lagerverwaltungssystems erfolgen. Den

Abschluss der Lieferungsbearbeitung bildet die *Buchung des Warenausgangs*, die eine Korrektur der Materialbestände bewirkt. Das R/3 System erlaubt die Organisation von Einzellieferungen ebenso wie die Massendurchführung anstehender Lieferungen über den sogenannten *Liefervorrat*.

(5) Außenhandel

Die Komponente Außenhandel erlaubt die *systemunterstützte Abwicklung von Import- und Exportgeschäften*. In den Kunden- und Materialstämmen und in speziellen Customizingtabellen sind außenhandelsspezifische Dateneingaben möglich. Die *Ausfuhrabwicklung* wird beispielsweise durch eine automatische Verwaltung von *Ausfuhrgenehmigungen* in Abhängigkeit der aktuell gültigen *Ausfuhrbestimmungen* erleichtert. Erforderliche *Meldungen* (in Abhängigkeit verschiedener Wirtschaftsblöcke (z.B. EU (Intrastatmeldung) oder NAFTA (North American Free Trade Agreement) (SED (Shipper's Export Declaration) und Papiere können systemunterstützt erstellt und versandt werden. Es existiert eine interne Schnittstelle zur Auftragsbearbeitung des Vertriebs und zur Bestellbearbeitung im Einkauf, so dass außenhandelsrelevante Stammdaten unmittelbar in entsprechende Belege eingelesen werden können.

(6) Transport

Über diese *Zusatzkomponente* können Transporte organisiert und abgefertigt werden. Die *Transportdisposition* umfasst alle Aktivitäten, die zu leisten sind, bevor ein Transport eine Versandstelle verlässt

Dies können folgende Tätigkeiten sein:

⇨ Zusammenfassung ähnlicher Lieferungen zu Sammeltransporten
⇨ Ermittlung von geeigneten Verkehrs- und Transporthilfsmitteln
⇨ Zuordnung externer Dienstleister (z.B. Spediteure)
⇨ Routenplanung
⇨ Überwachung der Transporte

Die *Transportabfertigung* schließt sich an die Disposition an. In speziellen *Transportbelegen* werden alle wichtigen Informationen zum Transport festgehalten und überwacht. Durch Statusabfragen kann die aktuelle Situation eines Transportes bestimmt werden. Es existieren verschiedene Möglichkeiten zur Durchführung der Transporte (*Transportarten*):

⇨ *Einzeltransport* (z.B. ein LKW transportiert zwei Lieferungen von Köln nach Hamburg)
⇨ *Sammeltransport* (z.B. ein LKW transportiert zwei Lieferungen; eine erfolgt in Hamburg , eine in Bremen)
⇨ *Transportkette* (der Transport erfolgt über verschiedene Verkehrsträger (z.B. Bahn, LKW und Schiff) , es können mehrere Zielorte angesteuert werden.

(7) Fakturierung

Die Rechnungserstellung aufgrund von Lieferungen und Leistungen markiert den Abschluss der Vertriebsaktivitäten. Hier werden auch *Gut- und Lastschriften* im Rahmen der *Reklamationsbearbeitung* aufgrund entsprechender Anforderungen aus der Verkaufsabteilung erstellt. Die Fakturadaten werden in der Regel aus den Auftrags- und/oder den Lieferungsbelegen übernommen. Es können *Einzel- oder Sammelrechnungen* erstellt werden. Mehrere Lieferungen können zu einer Sammelrechnung zusammengefasst werden. Ebenso ist es möglich, verschiedene Positionen einer Lieferung in mehreren Fakturen abzurechnen (*Rechnungssplit*). Über den *Fakturavorrat* lassen sich alle zu einem bestimmten Zeitpunkt erstellbaren Rechnungen identifizieren. *Rechnungslisten* erlauben die Fakturierung an Regulierer wie Einkaufsgenossenschaften, die zunächst die Rechnungen ihrer Mitglieder begleichen und später an diese weiterleiten. Im Rahmen der *Bonusabwicklung* kann für bestimmte Kunden ein Preisnachlass für einen bestimmten Umsatz innerhalb eines bestimmten Zeitraumes gewährt werden. Hierfür müssen entsprechende Rückstellungen gebildet bzw. gebucht werden. Beim Abspeichern der Fakturabelege erfolgt die Bildung eines entsprechenden *Buchungssatzes*, der an die Finanzbuchhaltung weitergeleitet wird und die Basis für die Kontrolle der Bezahlung durch den Kunden bildet.

3.13.2 Verkaufsbelege

Die Prozesse im Vertrieb werden durch verschiedene Vertriebs- bzw. Verkaufsbelegarten abgebildet. Über entsprechende Customizing- Transaktionen kann jede Belegart an die individuellen Erfordernisse angepasst werden. Auch neue Belegarten sind definierbar.

Hintergrundwissen zu Fallstudie 7: Kundenauftrag anlegen

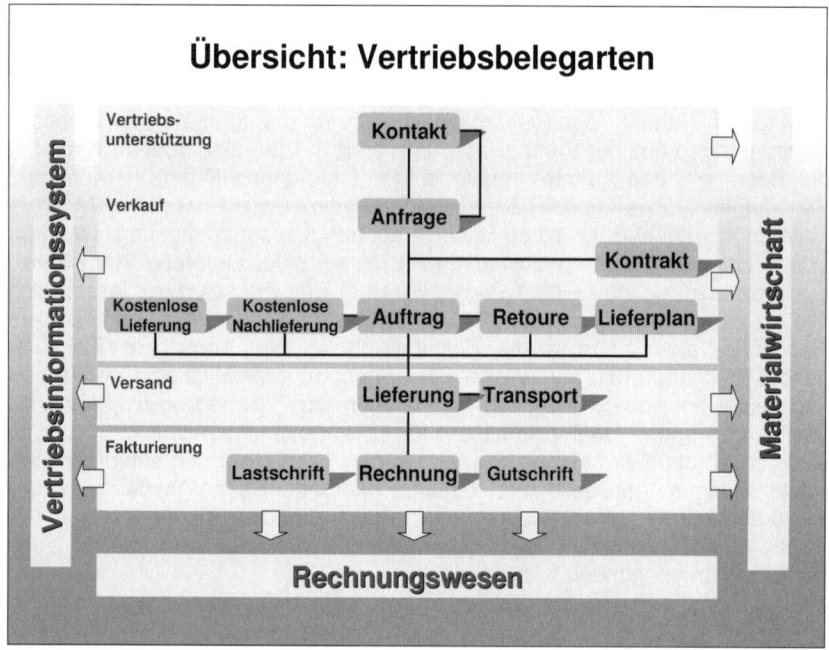

Abbildung 54

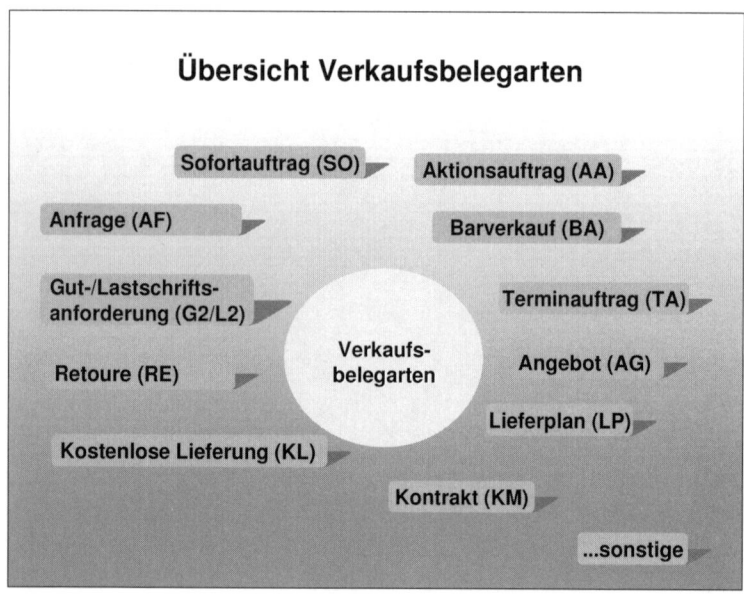

Abbildung 55

Über die Belegarten lassen sich diverse *Funktionen* steuern:

Abbildung 56

Bei der Abwicklung eines Terminauftrags werden im Standard folgende Funktionen durchgeführt:

⇨ *Preisfindung* (inkl. Aller Preisnachlässe)
⇨ *Verfügbarkeitsprüfung*, sofern eine solche Prüfung gemäß dem Materialstammsatz gewünscht ist
⇨ *Bedarfsübergabe* (an Einkauf und/oder Fertigung)
⇨ *Versandterminierung*
⇨ *Versandstellen- und Routenermittlung*
⇨ gegebenenfalls eine *Kreditlimitprüfung*

Ein Vertriebsbeleg besteht immer aus *Kopfdaten*, die für den ganzen Beleg gelten, und *Positionsinformationen*. Es können beliebig viele und unterschiedliche Positionen (Normal, kostenlos, reine Textposition) erfasst werden. Innerhalb einer Position erstellt das System bei Bedarf *Einteilungen* (= Teilliefer-ungen, weil z.B. nur ein Teil einer Positionsmenge lagerhaltig ist, der Rest muss nachbestellt werden). Belegkopf und Positionen enthalten z.B.:

⇨ kaufmännische Daten
⇨ Konditionen
⇨ Texte

Hintergrundwissen zu Fallstudie 7: Kundenauftrag anlegen

⇨ Zahlungsbedingungen
⇨ Bestelldaten
⇨ Geschäftspartner (z.B. Warenempfänger)

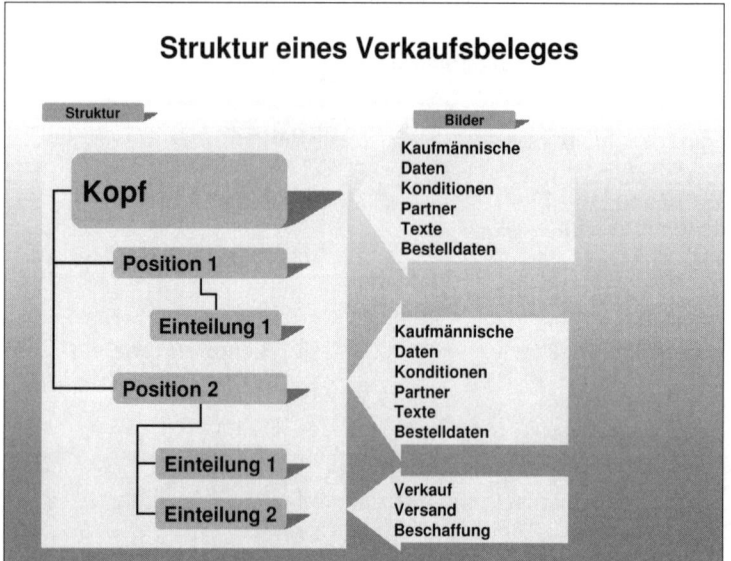

Abbildung 57

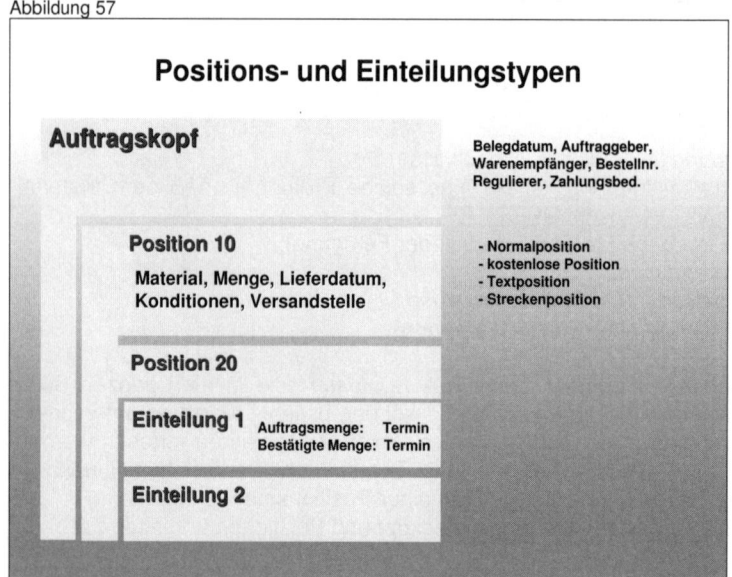

Abbildung 58

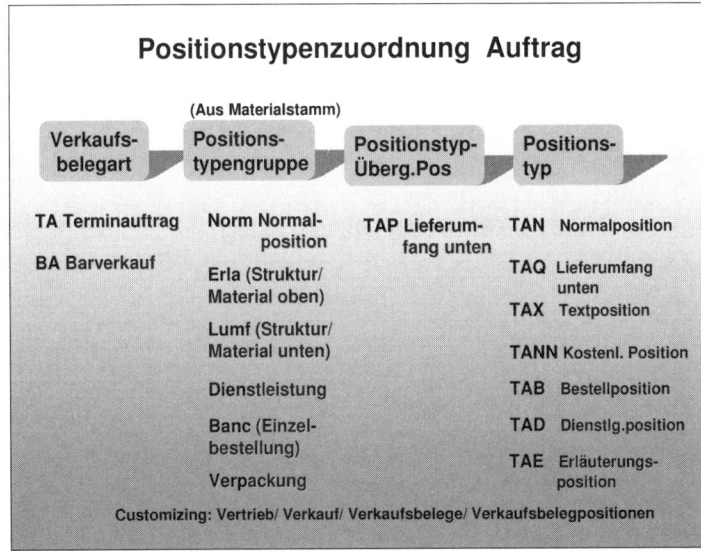

Abbildung 59

3.13.3 Belegfluss und Status

Über die *Belegflussfunktion* lässt sich die Bearbeitung eines Auftrages exakt verfolgen. Hierzu werden die Verkaufsbelege in einer Übersicht dargestellt.

Belegfluß und Status

Beleg	Datum	Menge	Status
..Anfrage 10000007	19.03.12	4,0 ST	erledigt
.Angebot 20000004	21.03.12	4,0 ST	erledigt
Auftrag 159	17.04.12	4,0 ST	erledigt
.Lieferung 80000016	22.04.12	4,0 ST	erledigt
.. Kommissionierung 960421	22.04.12	4,0 ST	erledigt
.. Warenausgang 49000211	22.04.12	4,0 ST	erledigt
.. Rechnung 90000015	25.04.12	4,0 ST	erledigt
... Buchhaltungsbeleg 100000023	25.04.12	4,0 ST	nicht ausgeziffert

Mögl. Belegstatus: offen, in Arbeit, erledigt, OP (nicht) ausgeziffert

Abbildung 60

Der Belegfluss ist auch auf der Ebene einzelner Positionen möglich. Außerdem wird der Status (z.B. offen, in Arbeit, erledigt) jeden Beleges angezeigt. Die Funktion Belegfluss ermöglicht also eine exakte Auftragsverfolgung vom ersten Kundenkontakt bis zur Fakturierung. Zudem kann Sie als eine aktuelle Auskunftsmöglichkeit für den Kunden genutzt werden.

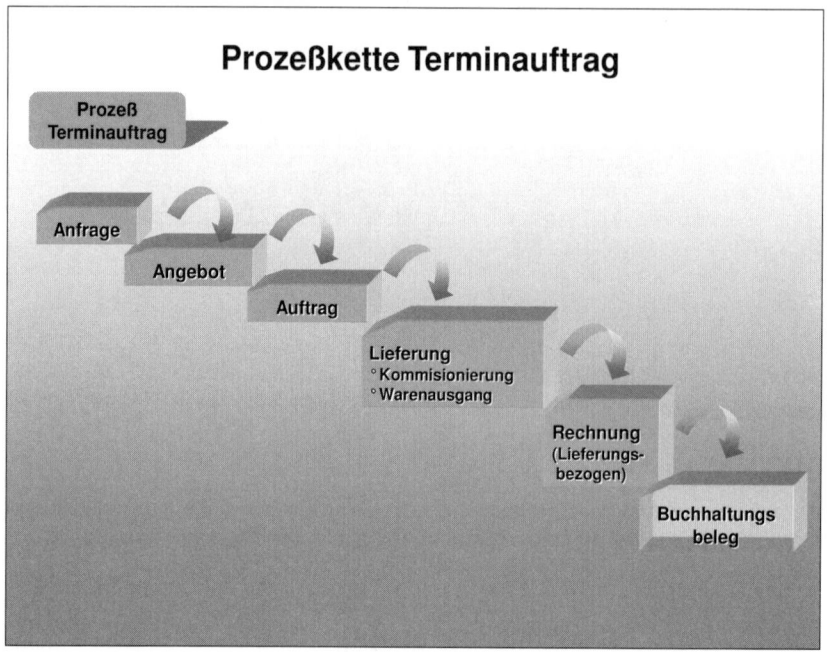

Abbildung 61

3.13.4 Preisfindung und Konditionen

Bei der Preisfindung werden auf Basis eines *Kalkulationsschemas* die Konditionen ermittelt. Dazu zählen z.B.:

⇨ Preise
⇨ Zu- und Abschläge
⇨ Frachten
⇨ Steuern

Abbildung 62

Das zugrundeliegende *Kalkulationsschema* wird bestimmt aus dem Vertriebsbereich, dem Auftraggeber und der Vertriebsbelegart. Die Konditionen sind fixiert in einzelnen *Konditionssätzen*. Über sogenannte *Zugriffsfolgen* (= Preisermittlungsstrategie) kann der jeweils spezifischste Preis ermittelt werden.

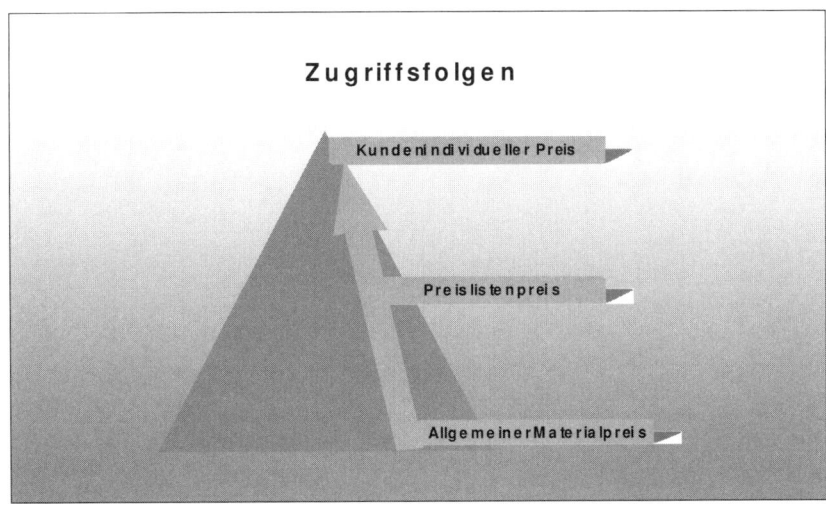

Abbildung 63

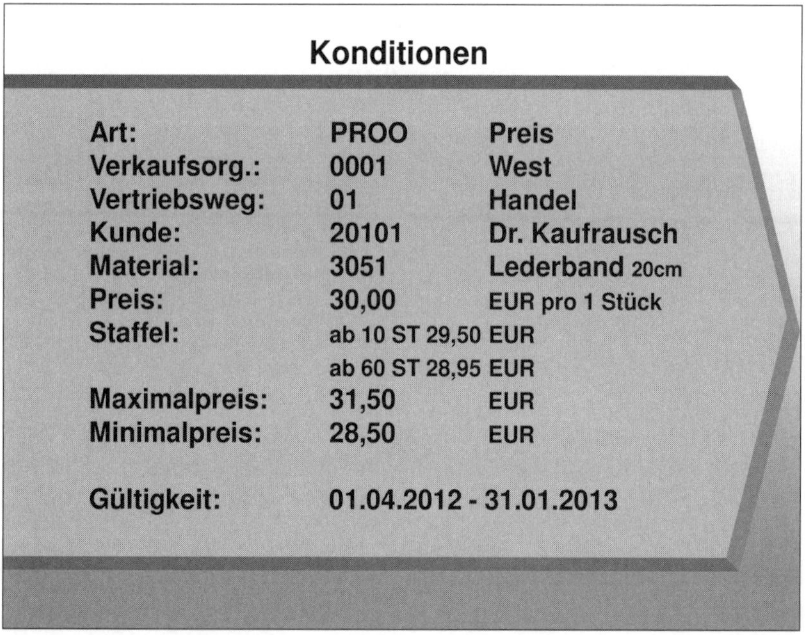

Konditionen

Art:	PROO	Preis
Verkaufsorg.:	0001	West
Vertriebsweg:	01	Handel
Kunde:	20101	Dr. Kaufrausch
Material:	3051	Lederband 20cm
Preis:	30,00	EUR pro 1 Stück
Staffel:	ab 10 ST 29,50 EUR	
	ab 60 ST 28,95 EUR	
Maximalpreis:	31,50	EUR
Minimalpreis:	28,50	EUR
Gültigkeit:	01.04.2012 - 31.01.2013	

Abbildung 64

Konditionssätze enthalten alle notwendigen Angaben zur Preisermittlung:
⇨ Vertriebsbereich
⇨ Staffeln
⇨ Gültigkeiten
⇨ Mindest- und Höchstpreise
⇨ manuelle Änderbarkeit etc.

3.13.5 Verfügbarkeitsprüfung

Bei der *Verfügbarkeitsprüfung* wird nicht nur der aktuelle Bestand geprüft, sondern auch bestimmte geplante Warenbewegungen bis zum Liefertermin.

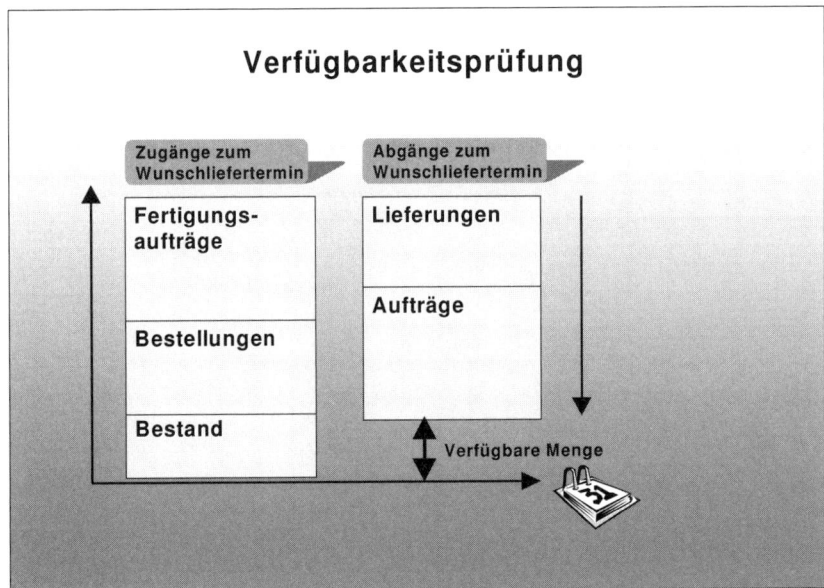

Abbildung 65

Die Prüfung der frei verfügbaren *ATP – Menge* (Available to Promise) erfolgt unter Berücksichtigung bestimmter *Prüfregeln,* z.B. auf der Basis des Lagerbestandes, zuzüglich geplanter Zugänge (Fertigungsaufträge, Bestellungen usw.) abzüglich geplanter Abgänge (Aufträge, Lieferungen). Die Ermittlung erfolgt dynamisch, mit oder ohne Berücksichtigung der Wiederbeschaffungszeit.

Bei der Prüfung gegen die *Vorplanung* wird gegen einen anonymen Marktbedarf geprüft, aufgrund der Produktionsprogrammplanung von erwarteten Verkaufsmengen.

Gegebenenfalls können Teillieferungen (Einteilungen zu einer Position) für einen Auftrag erzeugt werden.

3.13.6 Versand- und Transportterminierung

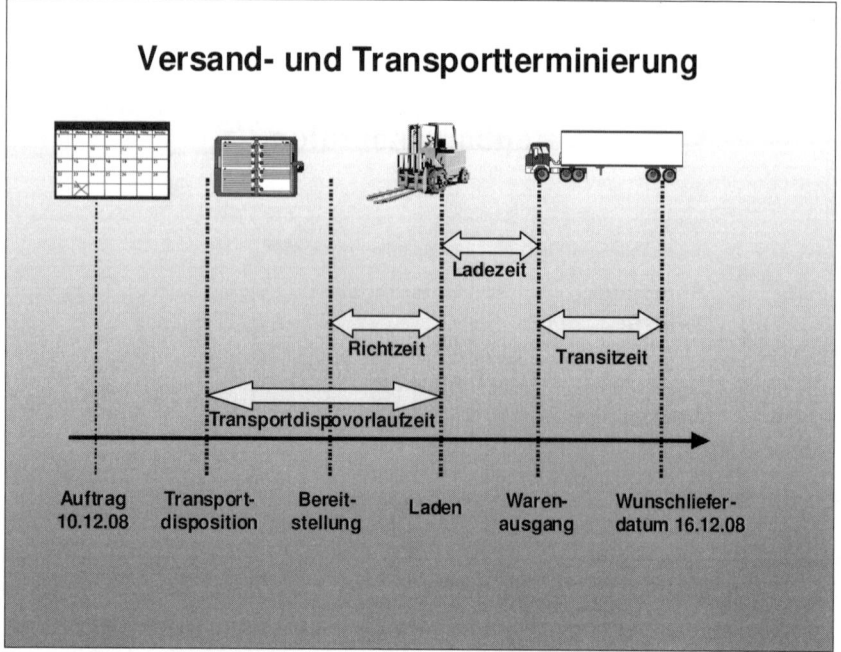

Abbildung 66

Zur Erläuterung:
- *Materialbereitstellungsdatum*:
  Beginn der Kommissionierungs- und Verpackungstätigkeiten, Vorbereitungen zur Verladung
- *Transportdispositionsdatum*:
  Beginn der Organisation des Materialtransports (Transportführer Spediteur, Bahn etc.) und der Transportmittel
- *Ladedatum*:
  Beginn der Verladung; Transportfahrzeuge und Verladeeinrichtungen (falls notwendig) müssen verfügbar sein
- *Warenausgangsdatum*:
  Die Lieferung verlässt die Verladestelle, um zum Kunden transportiert zu werden
- *Lieferdatum*: Ankunft der Ware beim Kunden. Es gilt für das Lieferdatum:

1) Warenausgangsdatum + Transitzeit bzw. ...
2) = Wunschlieferdatum des Kunden
3) = vom System errechnetes, vom Wunschlieferdatum abweichendes, bestätigtes Lieferdatum

Verfügbarkeitsprüfung und *Versandterminierung* sind eng mit einander verbunden, da sie sich gegenseitig beeinflussen: ein Versand ist nur sinnvoll für Materialien, die zum Versandzeitpunkt verfügbar sind.
Ausgehend vom Wunschlieferdatum des Kunden wird zunächst das *Bereitstellungsdatum* durch *Rückwärtsterminierung* ermittelt; es darf nicht in der Vergangenheit liegen. Andernfalls wird durch eine *Vorwärtsterminierung* das Versand- bzw. das Lieferdatum vom System errechnet.

⇨ Die *Transportdispositionsvorlaufzeit* ist nötig für die Organisation des Transports

⇨ Die *Richtzeit* dient dem Kommissionieren und (Ver-)packen der Ware

⇨ Die *Ladezeit* dient dem Be- und Verladen

⇨ Die *Transitzeit* entspricht der Transportzeit zum Warenempfänger.

3.13.7   Versandstellenfindung

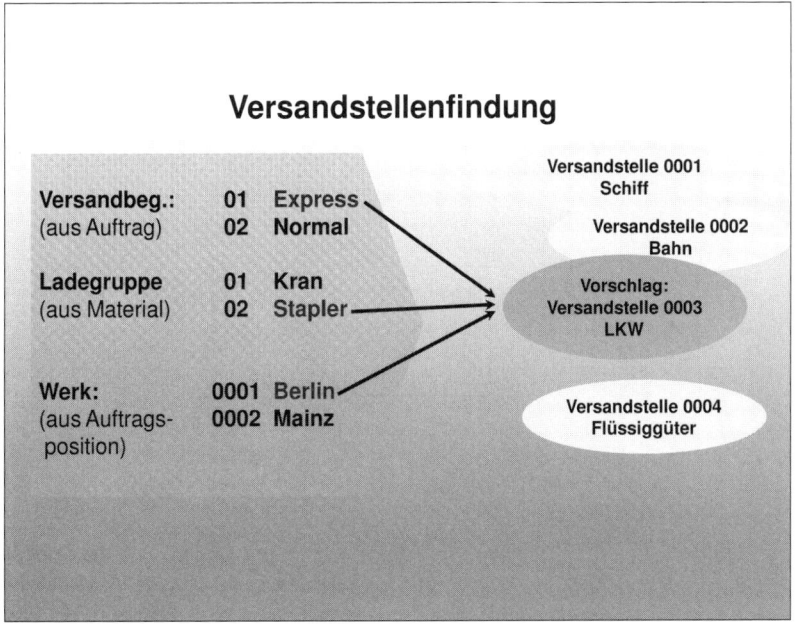

Abbildung 67

Pro Auftragsposition wird automatisch die Versandstelle ermittelt, von der die Lieferung erfolgt. Sie hängt ab von:

⇨ der *Versandbedingung* des Auftrags
⇨ der *Ladegruppe* des Materials
⇨ dem *ausliefernden Werk*.

Raum für Ihre Notizen:

3.14 Fallstudie 7:
Kundenauftrag anlegen

Aufgabe: Der Großkunde KXX bestellt nun 100 Komplett-PC (Materialnummer PCXX) + 100 Drucker (DRXX). Die Lieferung soll möglichst schnell erfolgen. Erstellen Sie bitte im R/3 System einen entsprechenden *Auftrag*. Falls Ihre Voreinstellungen in den Stammdaten stimmen, prüft das System, ob und wie schnell der PC gefertigt werden kann. Beim Sichern des Kundenauftrages wird automatisch ein (Plan-) Fertigungsauftrag erzeugt. Für den Drucker, der bestandsmäßig nicht auf Lager liegt, soll automatisch eine Bestellanforderung an den Einkauf erzeugt werden, um den Drucker schnellstmöglich bei dem in Fallstudie 3 angelegten Lieferanten zu beschaffen.

Wählen Sie nun bitte folgenden Menüpfad:
Logistik ⇨ *Vertrieb* ⇨ *Verkauf* ⇨ *Auftrag* ⇨ *Anlegen (/nVA01):*

Geben Sie ein:
- ⇨ *Auftragsart:*   *TA* (= Terminauftrag)
- ⇨ *Verkaufsorganisation:*   *1000*
- ⇨ *Vertriebsweg:*   *12*
- ⇨ *Sparte:*   *00*

Drücken Sie die Enter-Taste. Sie gelangen in die Maske *Terminauftrag anlegen Übersicht – Verkauf*. Pflegen Sie nun folgende Felder.

Hinweis: Bitte weichen Sie von den Vorlagedaten nicht ab!

Maske	Feld	Inhalt
Terminauftrag anlegen: Übersicht- Verkauf	Auftraggeber	KXX
	Bestellnummer	123
	Bestelldatum	Tagesdatum
	Material	PCXX
		DRXX
	Auftragsmenge	jeweils 100 Stück Drücken Sie die Enter-Taste. Das System prüft im Hintergrund einen möglichen Fertigungsauftrag für das Material PCXX1 und terminiert die eingegeben Materialien. Diese endet mit folgenden Hinweis in der Statuszeile `Terminierung ausgeführt`

Fallstudie 7: Kundenauftrag anlegen

Das System verzweigt in die Maske *Terminauftrag Verfügbarkeitskontrolle*. Drücken Sie hier bitte den Button *Vollständige Lieferung*. Gehen Sie anschließend auf die Sicht („Karteikartenreiter") *Positionsübersicht*. Das Material und alle Komponenten wurden eingelesen. Überprüfen Sie bitte, ob alle gewünschten Komponenten referiert wurden. Scrollen Sie hierzu etwas nach unten.

Sichern 🖫 Sie bitte abschließend den Auftrag. *Notieren Sie sich die Belegnummer im Faltblatt Belegübersicht.*

Beenden Sie bitte die Auftragsbearbeitung, indem Sie den Button *Beenden*. 🔙.drücken. Sie gelangen zurück auf das Bild *Easy Access*. Geben Sie den TA Code VA02 ein.
Sie gelangen in das Bild *Auftrag ändern: Übersicht*. Drücken Sie die *Enter*-Taste. Sie gelangen auf das Bild: *Terminauftrag ändern*. Markieren Sie die Position *PCXX* und drücken Sie den Button *Einteilungen zur Position* 🔍 (hierzu bitte etwas nach unten scrollen; alternativ können Sie einen Doppelklick auf die Materialposition machen).

Im Bild *Positionsdaten* markieren Sie bitte die Zeile mit der *bestätigten Menge* (= vom System berechneter Liefertermin) und drücken dann den Button *Einteilung Detail* 🔍. Drücken Sie den Button *Beschaffung* und hier können Sie in der Feldgruppe *Montage/ Prozess* die vom System vergebene Nummer für den *Planfertigungsauftrag* (Bitte Nummer in Belegübersicht notieren!) einsehen.
Über die Buttons

können Sie sich Details zum Fertigungsauftrag ansehen. Gehen Sie dann mit Hilfe des grünen Pfeils schrittweise zurück auf das Bild *Terminauftrag ändern: Übersicht*.
Wiederholen Sie nun die gerade beschriebenen die Schritte für die Position *Drucker*:

Gehen Sie auf die Sicht („Karteikartenreiter") *Positionsübersicht*. Markieren Sie die Position *DRXX* und drücken Sie den Button *Einteilungen zur Position* 🔍 (hierzu bitte etwas nach unten scrollen; alternativ können Sie einen Doppelklick auf die Materialposition machen).

Im Bild *Positionsdaten* markieren Sie bitte die Zeile mit der *bestätigten Menge* (= vom System berechneter Liefertermin) und drücken dann den Button *Einteilung Detail* 🔍. Drücken Sie wieder den Button *Beschaffung* und hier können hier in der Feldgruppe *Fremdbeschaffung* die vom System vergebene Nummer für die *Bestellanforderung* (Bitte Nummer in der Belegübersicht notieren!) einsehen.

Über den Button **Bearbeiten** können Sie sich Details zur automatisch erzeugten Bestellanforderung ansehen.
Gehen Sie dann mit Hilfe des grünen Pfeiles schrittweise zurück auf das Bild *Terminauftrag ändern: Übersicht*.

Im Folgenden sollen Sie sich weitere Detailinformationen Ihres Auftrags genauer erarbeiten. Hierzu werden im Folgenden entsprechende Fragen und Musterlösungen dargestellt. Grundsätzlich gehen die aufgezeigten Menüpfade von dem Übersichtsbild *Terminauftrag ändern: Übersicht („Register" Positionsübersicht)* aus.

Frage 1:
In welchem Übersichtsbild kann man die Verkaufspreise, Zahlungsbedingungen und Incoterms der einzelnen Materialpositionen sehen?

Antwort: Aktuelle Maske: *Terminauftrag ändern: Übersicht („Register" Positionsübersicht)* (Hinweis: Vertikalen Balken nach unten und Horizontalen Balken nach rechts scrollen);

Frage 2:
Wie hoch ist der Deckungsbeitrag
1. des Gesamtauftrags?
2. der ersten Position?
Antwort: 1: Menü *Springen* ⇨ *Kopf* ⇨ *Konditionen* (ggf. mit Taste Bild ⇓ bis zum Ende des Kalkulationsschemas scrollen); anschließend mit grüner Pfeiltaste ⬅ zurück zum Übersichtsbild

Antwort 2: Register *Positionsübersicht/* Position markieren/ Button *Konditionen Position* (am unteren Ende der Maske) drücken (ggf. mit Taste Bild ⇓ bis zum Ende des Kalkulationsschemas scrollen); anschließend mit grüner Pfeiltaste zurück zum Übersichtsbild.

Frage 3:
Falls der Kunde den automatisch aus der Preisfindung gezogenen Preis nicht akzeptiert, wo kann ein neuer Verkaufspreis für eine Position eingegeben werden?

Antwort: Register *Positionsübersicht/*Zeile *Betrag* oder Position markieren/ Button *Konditionen Position* (am unteren Ende der Maske) drücken (ggf. mit Taste
Bild ⇓ bis zum Ende des Kalkulationsschemas scrollen); anschließend mit grüner Pfeiltaste zurück zum Übersichtsbild.

Frage 4:
Wo kann man den Liefertermin der ersten Materialposition sehen bzw. ändern?

Antwort: Register *Positionsübersicht/* Position markieren/ Button *Einteilungen zur Position* (am unteren Ende der Maske) drücken; anschließend mit grüner Pfeiltaste zurück zum Übersichtsbild.

Frage 5:
An welcher Stelle kann *eine feste Anlieferzeit* für eine Position hinterlegt werden?

Antwort: Register *Positionsübersicht/* Position markieren/ Button *Einteilungen* (am unteren Ende der Maske) drücken; Einteilung mit *bestätigter Menge* markieren, dann Button *Einteilung Detail /Register Versand oder Verkauf*; anschließend 2x mit grüner Pfeiltaste zurück zum Übersichtsbild.

Frage 6:
Ermitteln Sie:
- das Materialbereitstellungsdatum
- das Ladedatum
- das Warenausgangsdatum
- das Transportdispodatum
- die Versandstelle
- die Route
der *zweiten Position.*

Antwort: Register *Positionsübersicht/* Position markieren/ Button *Einteilungen* (am unteren Ende der Maske) drücken; Einteilung mit *bestätigter Menge* markieren, dann Button *Einteilung Detail /Register Versand*; anschließend 2x mit grüner Pfeiltaste zurück zum Übersichtsbild.

Frage 7:
In welcher Übersicht prüfen Sie, ob ein *Kunden-Material-Infosatz* vorliegt?

Antwort: Register (Übersicht) *Besteller;* Spalte *Kundenmaterialnummer;* zurück zur Positionsübersicht durch Anklicken des gleichnamigen Registers.

Frage 8:
Wo lassen sich der Regulierer/ die gültigen Incoterms/ Zahlungsbedingungen, Fakturasperren, die *für den gesamten Auftrag gelten* sollen, einsehen?

Antwort: Menü *Springen* ⇨ *Kopf* ⇨ *Faktura;* zurück zur *Positionsübersicht* durch Anklicken des gleichnamigen Registers.

Frage 9:
Wo kann man den *Namen* und die *Tel.Nr.* des Bestellers eingeben?

Antwort: Menü *Springen* ➪ *Kopf* ➪ *Bestelldaten;* zurück zur *Positionsübersicht* durch Anklicken des Buttons *Zurück* (Grüner Pfeil).

Frage 10:
Stellen Sie das *ausliefernde Werk* bzw. *die zuständige Versandstelle/ Route* fest!

Antwort: Register *Versand;* zurück zur *Positionsübersicht* durch Anklicken des gleichnamigen Registers.

Frage 11:
Wie löschen Sie eine/mehrere Auftragspositionen? *Bitte nicht durchführen!*

Antwort: Pos. markieren/ Button *Position löschen* (im unteren Teil der Maske) oder rechte Maustaste (Pos. Löschen).

Frage 12:
Wie gelangen Sie in den *Auftraggeberstamm* ohne die Auftragserfassung verlassen zu müssen?

Antwort: Button Auftraggeber (anzeigen) oder F6-Taste oder Menü Umfeld ➪ Partner anzeigen ➪ Auftraggeber anzeigen; anschließend mit grüner Pfeiltaste zurück zum Übersichtsbild.

Frage 13:
Wo können Sie für eine Materialposition einen vom Auftragskopf abweichenden Warenempfänger bestimmen?

Antwort: Position markieren , Menü Springen ➪ Position ➪ Partner, dann Warenempfängerstammsatz ändern+Enter-Taste; anschließend mit grüner Pfeiltaste zurück zum Übersichtsbild.

Frage 14:
Über welchen Befehl können Sie einen Positionstext anlegen?

Antwort: Position markieren, Menü Springen ➪ Position ➪ Texte; anschließend mit grüner Pfeiltaste zurück zum Übersichtsbild.

Frage 15:
Wurde eine Nachricht (= Auftragsbestätigung) automatisch erzeugt? Was ist zu tun, um einen Nachrichtensatz manuell zu erzeugen?

Antwort: Menü Zusätze ➪ Nachrichten ➪ Kopf ➪ Bearbeiten; anschließend Nachrichtensatz erzeugen (im Feld Nachrichtenart *BA00* eingeben; ENTER-Taste drücken, dann über Button *Kommunikation* im Feld *Logische Destination* Drucker festlegen; anschließend mit 2x grüner Pfeiltaste zurück zum Übersichtsbild.

Frage 16:
Wie lassen Sie sich für die zweite Materialposition aus der Auftragserfassung heraus 1. eine *Bestandsübersicht*; 2. die *Verfügbarkeitssituation* anzeigen!

Antwort:
1. Position markieren, Menü: Umfeld ➪ Material anzeigen ➪ Umfeld Bestandsübersicht; anschließend mit 2x grüner Pfeiltaste zurück zum Übersichtsbild.
2. Position markieren, Menü: Umfeld ➪ Verfügbarkeit (Spalte Kumulierte ATP – Menge); anschließend mit grüner Pfeiltaste zurück zum Übersichtsbild.
Alternativ: Button Verfügbarkeit anzeigen

Frage 17:
Wo kann man *Listen* zum Kunden bzgl. bereits bestehender Aufträge, Anfragen, Angebote, Lieferpläne, Kontrakte, Positionsvorschläge anzeigen lassen?

Antwort: Menü: Umfeld ➪ Liste ➪ Belegart wählen +Enter-Taste drücken ; anschließend mit 2x grüner Pfeiltaste zurück zum Übersichtsbild.

Frage 18:
Wie erhalten Sie Einsicht in den gesamten Belegfluss eines Auftrages auf Kopfebene?

Antwort: Button Belegfluss.

Frage 19:
Wie erhalten Sie Einsicht in den gesamten Belegfluss eines Auftrages auf Positionsebene?

Antwort: Button Belegfluss ➪ Menü Belegfluss ➪ Sicht ➪ Positionen; anschließend mit grüner Pfeiltaste zurück zum Übersichtsbild

Frage 20:
Welchen Weg müssen Sie wählen, um direkt aus der Auftragserfassung heraus in die Lieferungsbearbeitung zu verzweigen? *(Bitte nur lesen!)*

Antwort: Menü Verkaufsbeleg ⇨ Beliefern (Folge: falls Auftragspositionen lieferfähig sind, wird der Auftrag automatisch gespeichert und in die Funktion Lieferung anlegen verzweigt)

Frage 21:
Wie können Auftragspositionen mit unterschiedlichen Lieferterminen zu einem Liefertermin zusammengefasst werden?

Antwort: Register Versand/ Positionen zu einer Liefergruppe (jeweils Eintrag 1 in Spalte Liefergruppe) zusammenfassen/ Enter-Taste drücken (Folge: Längster Liefertermin wird als *Liefergruppendatum* für alle Positionen innerhalb einer Liefergruppe festgelegt)

Schauen Sie sich alle Register auf *Übersichts-, Kopf- und Positionsebene* an! Hinweis: Die grüne Pfeiltaste kann nicht benutzt werden, um in eine vorangegangene Übersicht zurückzukommen!

Notieren Sie sich das späteste *Bereitstellungsdatum* des Auftrages

(Register *Übersicht Versand*):_____

Verlassen Sie die Auftragsbearbeitung.

Frage 21:
Wie kann die *Auftragsbestätigung* zu diesem Auftrag am Bildschirm angezeigt werden?

Antwort: Button *Ansicht Kopfnachricht* drücken.

Raum für Ihre Notizen:

3.15 Hintergrundwissen Fallstudie 8
Bestellanforderung/ Bestellung anlegen

Inhalt:

3.15.1 BANF-Abwicklung und Ablaufoptimierung ... 141
3.15.2 Möglichkeiten zum Erzeugen einer Bestellung ... 142
3.15.3 Konditionen im Einkauf ... 144
3.15.4 Nachrichten im Einkauf ... 144

Raum für Ihre Notizen ... 146

3.15.1 BANF-Abwicklung und Ablaufoptimierung

Eine Bestellanforderung (kurz: BANF) stellt einen Auftrag an den Einkauf dar, bestimmte Materialien oder Dienstleistungen in einer festgelegten Menge zu einem bestimmten Termin zu beschaffen.

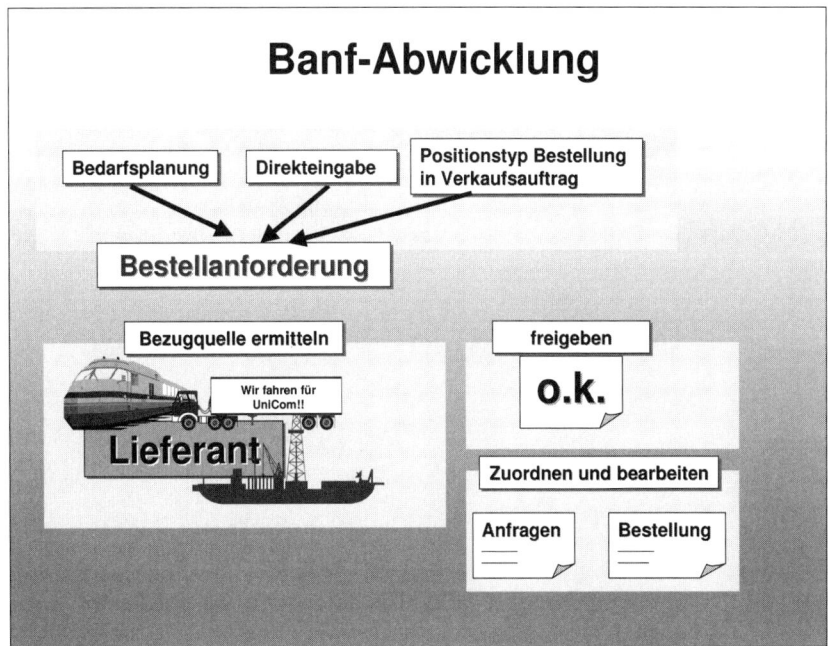

Abbildung 68

Eine BANF kann aus der Bedarfsplanung generiert werden oder wird einfach manuell angepasst. Außerdem kann aus einer Auftragsposition im Verkauf mit einem entsprechenden Positionstyp (z.B. TAB (Terminauftrag Nachbestellung)) eine BANF entstehen. Hierbei kann bereits ein Lieferant vorgeschlagen werden. Im Rahmen der Funktion *Bezugsquellenermittlung* werden dem Einkäufer Vorschlagslieferanten angeboten, sofern diese für den Bezug eines bestimmten Materials vorgesehen sind. Bestellanforderung muss unter bestimmten Bedingungen erst *freigegeben* werden, bevor hieraus eine Bestellung erzeugt werden kann. Das Freigabeverfahren ist abhängig vom Materialwert, der Warengruppe, dem Kontierungstyp und dem Werk. Falls eine Freigabe erforderlich ist, kann festgelegt werden, dass diese nur von bestimmten Stellen in einer fest definierten Reihenfolge erfolgen kann. Ebenso gibt es die Möglichkeit der *Sammelfreigabe* von BANFen, die *Freigabeerinnerung* und die *Wiedervorlagefunktion*, falls eine BANF eine bestimmte Zeit nicht bearbeitet wurde.

Hintergrundwissen zu Fallstudie 8: Bestellanforderung/ Bestellung anlegen

Die Arbeit des Einkäufers wird dadurch erleichtert, dass automatisch mögliche Lieferanten angezeigt werden können, die den einzelnen BANF Positionen zugeordnet werden. Aus einer Liste zugeordneter (d.h. mit einer Bezugsquelle versehener) BANFen können dann Bestellungen erzeugt werden.

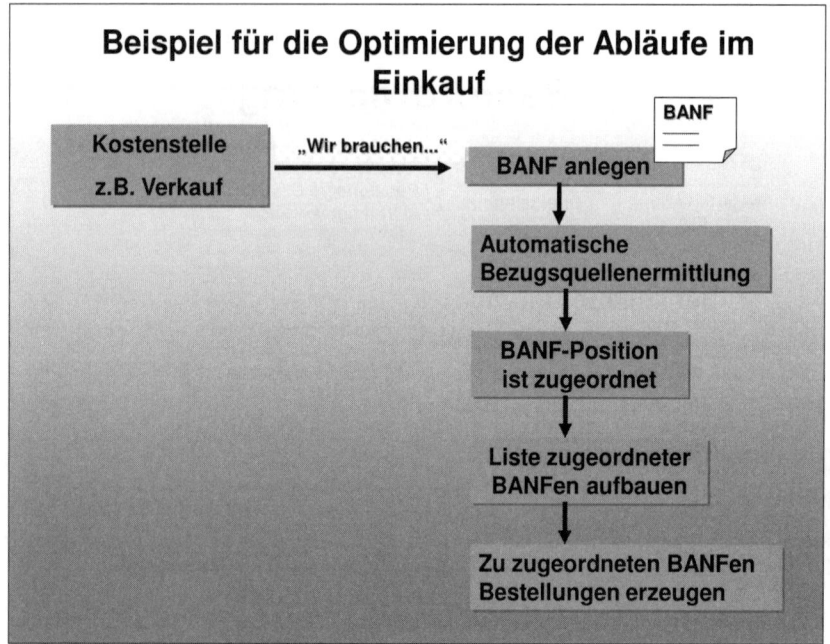

Abbildung 69

3.15.2 Möglichkeiten zum Erzeugen einer Bestellung

Das Ziel einer optimierten Bestellabwicklung ist es, Bestellungen möglichst schnell zu erstellen und mit geringem Aufwand zu bearbeiten. Daher können Daten aus Vorgängerbelegen (z.B. Bestellanforderungen) übernommen (referiert werden). Eine Bestellung im SAP-System untergliedert sich in den Belegkopf und die Belegpositionen. Die Daten des Bestellkopfes gelten für alle Positionen in gleicher Weise (z.B. Zahlungs- und Lieferbedingungen). Auf Positionsebene können Daten wie Materialnummer, Materialkurztext, Menge, Warengruppe, Lieferdatum, Preis und Werk festgelegt werden. Zusätzlich können der Positionstyp und Konditionstyp bestimmt werden.

Über den Positionstyp wird festgelegt, ob die Position eine Materialnummer erfordert, eine Kontierung verlangt, lagerhaltig geführt werden soll oder einen Wareneingang (WE) und/oder einen Rechnungseingang (RE) erfordert. Man kann über den Positionstyp erreichen, dass die Kosten einer Bestellung auf eine Kostenstelle oder auf einen Kundenauftrag gebucht werden. Über den Kontierungstyp wird hier bestimmt, welche Konten bei Buchung der Rechnung oder des Wareneingangs zu belasten sind und welche Kontierungsdaten bereitgestellt werden müssen. Zusätzlich können pro Position Informationen wie Teillieferungen („Einteilungen") und positionsbezogene Texte erfasst werden.

Beim Anlegen einer Bestellung kann *Bezug* auf eine *Bestellanforderung* genommen werden. Man kann Bestellanforderungen aus einer Auswahlliste auswählen und hieraus Bestellpositionen generieren. Die folgende Abbildung zeigt weitere Belege, die als Vorlage für Bestellungen dienen können.

Abbildung 70

Um eine Bestellung anzulegen, bestehen grundsätzlich drei Möglichkeiten:

⇨ *Lieferant bekannt:*
Dieses Verfahren kann gewählt werden, wenn klar ist, bei welchem Lieferanten bestellt werden soll.

⇨ *Lieferant unbekannt:*
Erst werden die zu bestellenden Positionen erfasst und danach werden mögliche Lieferanten für die einzelnen Positionen vom System ermittelt und vorgeschlagen.

⇨ *Zugeordnete Bestellanforderung vorhanden:*
Durch diese Vorgehensweise werden Bestellanforderungen aufgelistet, denen schon ein Lieferant (per Stammnummer, Rahmenvertrag oder Einkaufsinfosatz) zugeordnet wurde.

3.15.3 Konditionen im Einkauf

Konditionen umfassen sowohl Preise, als auch Zu- und Abschläge. Beim Erfassen von Angeboten, Infosätzen, Rahmenverträgen und Bestellungen können Konditionen gepflegt und angezeigt werden. In einem *Kalkulationsschema* werden im Customizing festgelegte *Konditionsarten* aufgenommen. Rabatte, Zuschläge und Bezugsnebenkosten etc. werden entweder automatisch vorgeschlagen oder können manuell nachgepflegt werden. Man unterscheidet *Kopfkonditionen*, die für den gesamten Beleg gelten und *Positionskonditionen*. Anhand der kumulierten Werte ermittelt das System den *Effektivpreis*. Dieser ergibt sich aus dem *Nettopreis* abzüglich Bezugsnebenkosten, Skonti und eventueller Rückstellungen. Der Nettopreis berücksichtigt Zu- und Abschläge, beim *Bruttopreis* sind diese nicht mit einbezogen.

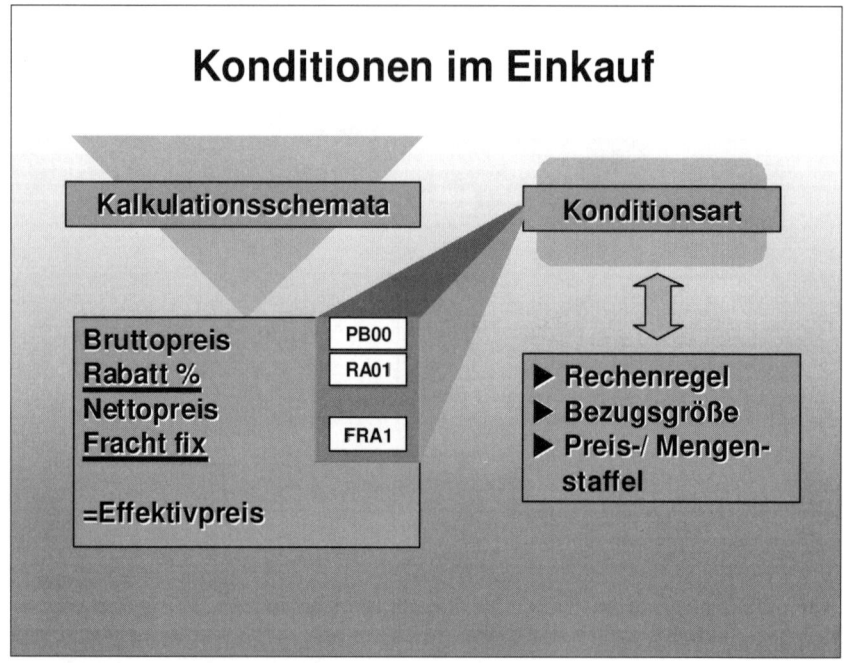

Abbildung 71

3.15.4 Nachrichten im Einkauf

Verschiedene Ausgabemedien können aktiviert werden, um Einkaufsbelege ausgeben bzw. weiterleiten zu können. In einem sogenannten *Nachrichtensatz*, der mit dem Beleg gespeichert wird, kann festgelegt werden wann, wie und wo eine Ausgabe an welchen Empfänger stattfinden soll.

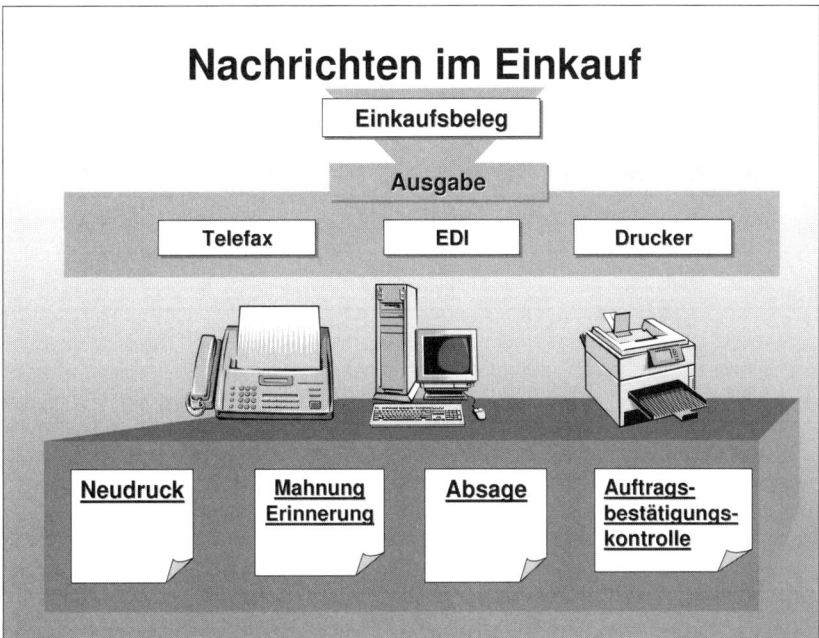

Abbildung 72

Raum für Ihre Notizen:

3.16 Fallstudie 8: Bestellanforderung/ Bestellung anlegen

Aufgabe: Aus der Auftragsbearbeitung wurde automatisch eine *Bestellanforderung* für die nicht auf Lager liegenden Drucker unseres Komplett-PC erstellt. Eine Bestellanforderung (kurz *BANF*) ist ein interner Beleg, der die externe Beschaffung bestimmter Materialien zu einem bestimmten Termin durch den Einkauf anfordert. Ihre Bestellanforderung wird im R/3 System an den zuständigen Einkäufer weitergeleitet, der diese prüft und ggf. zur Bestellung freigibt. Die Freigabepflicht soll in unserem Fall *nicht* bestehen, da ein bestimmter Bestellwert nicht überschritten wird.

Bearbeiten Sie nun Ihre aus dem Verkauf stammende Bestellanforderung, indem Sie prüfen, ob sie der Freigabe unterliegt und veranlassen Sie eine entsprechende Bestellung.

Wählen Sie hierzu bitte folgenden Transaktionscode: /n*ME52*

Sie gelangen auf das Bild *Bestellanforderung ändern:* Geben Sie im Feld *Bestellanforderung* die Belegnummer Ihrer Banf ein (siehe Belegübersicht, Fallstudie 7).

Drücken Sie die *Enter*-Taste oder den Button Positionsübersicht . Sie gelangen auf das Bild *Bestellanforderung ändern: Positionsübersicht*. Markieren Sie die Materialposition DRXX und drücken Sie den Button *Freigabestrategie*. Sie erhalten die Meldung, dass es bei den markierten Positionen keiner Freigabestrategie bedarf. Bestätigen Sie die Meldung mit der Enter-Taste.
Durch einen *Doppelklick* auf die Position (alternativ: Position markieren und den Button *Detail* drücken) erhalten Sie Detailinformationen (z.B. Bewertungspreis, Bezugsmöglichkeiten) pro Position. Gehen Sie mit dem *Zurück*-Button auf das Bild *Positionsübersicht* und brechen Sie die Banfbearbeitung ab (F3-Taste oder Button) . Gehen Sie wieder zurück zum Easy Access Menüpunkt *Einkauf*. Wählen Sie von hier aus bitte folgenden Menüpfad:

Bestellung ⇨ Anlegen ⇨ Über Banf-ZuordListe (ME58):

Sie gelangen auf das Bild *Zugeordnete Bestellanforderung bestellen.* Geben Sie hier ein:

- *Einkäufergruppe:* 000
- *Einkaufsorganisation:* 1000
- *Lieferant:* (Ihre Lieferantennummer)
- *Werk:* 1000
(bitte die übrigen Felder unverändert lassen)

Drücken Sie hier den *Ausführen –* Button . Sie gelangen auf das Bild *Bestellen zugeordnete Banf's: Übersicht der Zuordnungen.* Markieren Sie die (weiße) Zeile, unter der Ihr Lieferant aufgeführt ist, und drücken Sie den Button *Zuordnung bearbeiten.* Das *Fenster Bearbeiten Zuordnung: Bestellung anlegen* bestätigen Sie bitte mit der Enter-Taste. Sie gelangen in das Bild *Bestellung anlegen.* Markieren Sie die Banf-Nr., welche auf der linken Bildschirmseite unter Belegübersicht aufgeführt ist und drücken Sie den Button *Übernehmen.* Die Banf-Daten werden daraufhin in die Bestellung übernommen.

Schließen Sie ggf. das Hilfe-Fenster (welches beim ersten Aufrufen erscheint) und drücken Sie den Button *Pos. Aufklappen.*

Über den Button Druckansicht [Druckansicht] können Sie sich die erzeugte Bestellung im Drucklayout anschauen.
Sichern Sie Ihre Bestellung!

Sie gelangen zurück zum Bild: *Übersicht der Zuordnungen.* In der Spalte *Bearbeitungsvermerke* steht nun der Eintrag „Bestellt".

Notieren Sie sich die Nummer des Bestellbelegs (s. Statuszeile) in der Beleg- und Datenübersicht (s.S.203)!

Beenden Sie das Programm durch zweimaliges Drücken des Buttons *Beenden* .

Schauen Sie sich im *Ändern-Modus* Ihre Bestellung nochmals an
Bestellung ⇨ Ändern (ME22N).

Raum für Ihre Notizen:

3.17 Hintergrundwissen Fallstudie 9
Wareneingang/ Rechnungseingang/ Zahlungsausgang buchen

Inhalt:

3.17.1 Aufgaben der Bestandsführung 151
3.17.2 Wareneingänge zu Bestellungen 152
3.17.3 Aufgaben der Rechnungsprüfung 152
3.17.4 Rechnungserfassung 153

Raum für Ihre Notizen 155

3.17.1 Aufgaben der Bestandsführung

Der Wareneingang einer bestellten Ware findet im Rahmen der Komponente *Bestandsführung* innerhalb des Moduls Materialwirtschaft statt. Die Bestandsführung hat grundsätzlich folgende Aufgaben:

⇨ Mengen- und wertmäßiger Nachweis der *Materialbestände*
⇨ Planung (z.B. Reservierungen), Erfassung und Nachweis aller *Warenbewegungen*
⇨ Durchführung der *Inventur* (Abgleich zwischen physischen Beständen und Buchbeständen)

Bestandsänderungen sind realtime für alle vor- und nachgelagerten Abteilungen einsehbar. So kann z.B. der frei verfügbare Bestand in einer aktuellen Bedarfs-/ Bestandsliste während der Auftragsbearbeitung im Vertrieb aufgerufen werden. Der Bestandswert wird nach der Buchung einer Warenbewegung fortgeschrieben. Die Buchungsbeträge werden automatisch aus den Werten des Materialstammes und/oder aus der Bestellung übernommen. Wareneingänge können aber auch unbewertet gebucht werden. Die Bewertung erfolgt dann erst beim Rechungseingang. Im Rahmen der Warenbewegungen werden *Belege* erstellt, die die Grundlage der Mengen- und Wertfortschreibung sind und darüber hinaus als Nachweis für die Bewegung dienen.

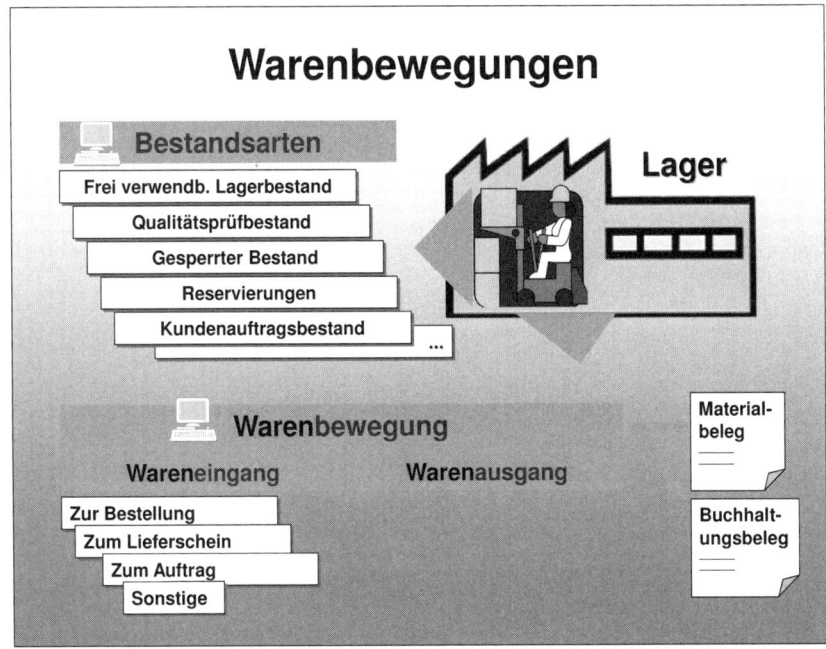

Abbildung 73

3.17.2 Wareneingänge zu Bestellungen

Wird ein Wareneingang mit Bezug zu einer Bestellung (durch Angabe der Belegnummer) erfasst, schlägt das System in einer speziellen Sammelerfassungsmaske automatisch Daten der Bestellung (bestellte Materialien, Mengen etc.) vor. Aus den Bestellpositionen wird der Lagerort und möglicherweise Kennzeichen für die Qualitätsprüfung übernommen. Diese können allerdings manuell geändert werden.

Zudem ist es möglich, eine Teilmenge einer Bestellposition in einen anderen Lagerort oder in einen *Qualitätsprüfungs-* oder *Sperrbestand* zu buchen.

Die Bewertung der angelieferten Waren erfolgt aufgrund des Bestell- bzw. Rechnungspreises. Die Kontrolle von Über- und Unterlieferungen ist schon bei Anlieferung möglich. Außerdem wird die Lieferantenrechnung auf der Basis der bestellten und gelieferten Menge geprüft. Somit kann sichergestellt werden, dass nur die bereits gelieferte Ware bezahlt wird. Die Wareneingangsdaten werden in die Fortschreibung der Bestellentwicklung, in die der Einkauf Einsicht hat, aufgenommen. Der Einkauf kann aufgrund dieser Informationen die Bestellentwicklung kontrollieren und ggf. ausgebliebene Lieferungen anmahnen. Über das SAP Mail-System ist darüber hinaus die automatische Benachrichtigung zuständiger Sachbearbeiter im Einkauf über den Wareneingang möglich.

3.17.3 Aufgaben der Rechnungsprüfung

Die Rechnungsprüfung hat die Funktion, Eingangsrechnungen sachlich, rechnerisch und preislich zu kontrollieren. Hierzu greift die Rechnungsprüfung als Teil der Materialwirtschaft auf Informationen vorgelagerter Abteilungen wie den Einkauf (Bestellungen) oder den Wareneingang (z.B. Lieferscheine) zurück. Die Lieferantenrechnung wird im System als *Beleg* erfasst. Durch das Sichern des Beleges wird *ein offener Posten* auf dem entsprechenden Kreditorenkonto erzeugt, den die Finanzbuchhaltung durch Zahlung ausgleicht.

Hintergrundwissen zu Fallstudie 9: Wareneingang/ Rechnungseingang/ Zahlungsausgang buchen

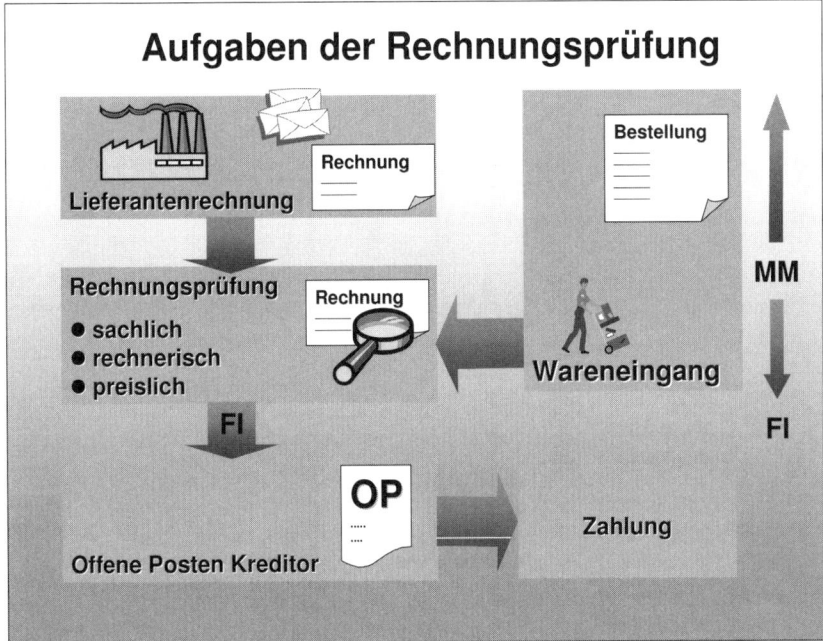

Abbildung 74

3.17.4 Rechnungserfassung

Die Eingabe der Rechnungsdaten in das System wird durch den Bezug vorangegangener Belege (Bestellung, Lieferscheinnummer oder Belegnummer des Wareneingangs) erleichtert. So kann der Rechnungsprüfer beispielsweise zum Erfassen einer Rechnung die vorangegangenen Bestelldaten des Einkaufs durch Eingabe des entsprechenden Bestellbeleges einlesen lassen. Das System ermittelt dann den passenden Kreditor, Steuersatz und die vereinbarte Zahlungsbedingung (z.B. Skonto) und schlägt die einzelnen abzurechnenden Materialien und Mengen vor. Abweichungen zu den einzelnen Rechnungspositionen (z.B. gelieferte Menge liegt 10 % über der bestellten Menge) sind über Toleranzgrenzen erlaubt. Eine erfasste Rechnung kann auch bis zur Lösung eines unklaren Sachverhaltes manuell oder automatisch gesperrt werden. Die Finanzbuchhaltung kann dann die Rechnung erst begleichen, wenn der gesperrte Beleg wieder freigegeben wurde.
Die zu bebuchenden Konten werden beim Sichern des Rechnungsbeleges automatisch gefunden. Außerdem werden bei Rechnungen mit Bestellbezug die Daten der Bestellentwicklung (z.B. Anzahl/ Höhe der Wareneingänge; Anzahlungen, Anzahl/ Höhe der Rechnungen) aktualisiert. Sofern dies im Materialstamm eingestellt wurde, wird der gleitende Durchschnittspreis des Materials angepasst. Mit dem neuen Wert werden dann die bestehenden Bestände bewertet.

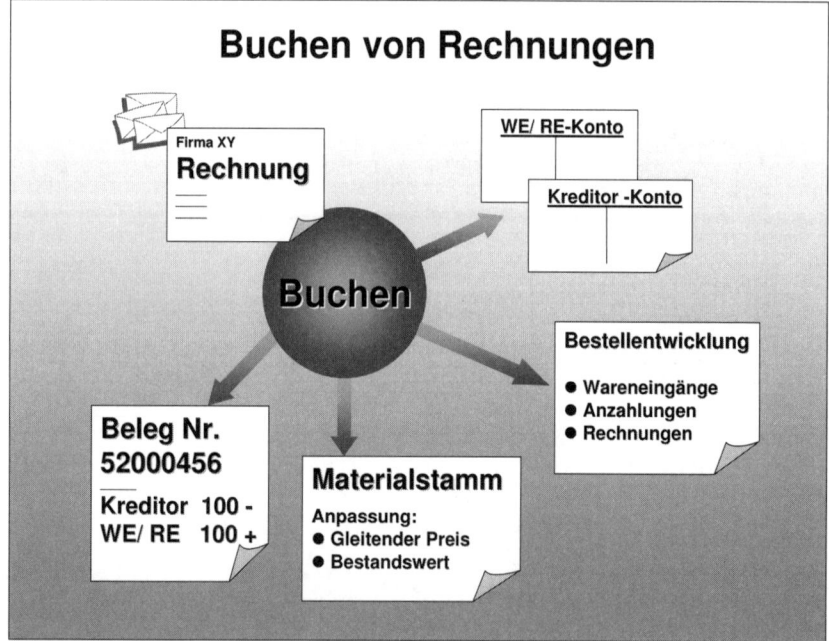

Abbildung 75

Die Erfassung von Rechnungen wird durch weitere Funktionen unterstützt:

⇨ Alle Bestellungen zu einem bestimmten Material oder einem Kreditor lassen sich zum Zweck der Zuordnung zu einer Rechnung auflisten und dann selektieren
⇨ Die Erstellung einer Rechnung, die sich auf unterschiedliche Bestellungen und/oder Teillieferungen bezieht ist möglich.
⇨ Jede Belegposition kann vor dem Buchungsvorgang verändert werden.
⇨ Während der Rechungserfassung stehen verschiedene Umfeldinformationen zur Verfügung (z.B. Bestelldaten, Daten der Bestellentwicklung, Material- und Kreditorendaten.

Raum für Ihre Notizen:

3.18 Fallstudie 9: Wareneingang/ Rechnungseingang/ Zahlungsausgang buchen

Aufgabe: Die bestellten fehlenden Drucker (Materialnummer: DRXX), mit denen zusammen der Komplett PC verkauft wird, werden vom Lieferanten angeliefert. Im Rahmen der *Wareneingangsbearbeitung* wird die angelieferte Ware in Empfang genommen, quittiert und erfasst. Eventuell werden Prüfungen bzgl. Menge und Qualität der Ware durchgeführt.
Die Rechnung des Lieferanten ist im Rahmen der *Rechnungseingangsbearbeitung* zu erfassen und auf Vollständigkeit und Inhalt zu überprüfen, bevor die Zahlung an den Lieferanten erfolgen kann. Liegt wie hier eine bestellbezogene Rechnung vor, werden die Bestellpositionen zur Rechnungsbearbeitung vorgeschlagen.
Schließlich kann die Lieferantenrechnung zur *Zahlung* an die Buchhaltung weitergeleitet werden. Der bei der Buchung der Rechnung entstandene Offene Posten wird aufgerufen und beglichen („ausgeziffert").
Die geschilderten Vorgänge sollen nun von Ihnen im R/3-System abgebildet werden. Beachten Sie bitte sehr sorgfältig vorzugehen, da alle Vorgänge miteinander in Verbindung stehen und nur einmal im System bearbeitet werden können.
Als erstes soll der *Wareneingang* erfasst und gebucht werden. Wählen Sie hierzu bitte folgenden Easy Access Menüpfad:

1) Logistik ⇨ Materialwirtschaft ⇨ Bestandsführung ⇨ Warenbewegung ⇨ Wareneingang ⇨ Zur Bestellung ⇨ Bestell-Nr. bekannt (MIGO):

Geben Sie in den Feldern...

⇨ *WE Wareneingang*: 101 (Wareneingang zur Bestellung in das Lager; meist bereits schon eingetragen)

⇨ *Bestellung*: (Belegnummer Ihrer Bestellung aus Fallstudie 8 eintragen; s.a. Belegübersicht)

...ein und drücken Sie dann *Enter* – Button. Setzen Sie im unteren Teil der

Maske (im Karteikartenreiter *Wo*) das *Werk (=1000)* und den Lagerort *(=0001)*; sofern nicht schon eingetragen. Setzen Sie im *Kontrollkästchen Position OK* einen Haken, damit die Position in den Eingangsbeleg übernommen wird und gebucht werden kann. Kontrollieren Sie, ob im Karteikartenreiter die Menge 100 steht.
(Unter *Einstellungen* ⇨ *Vorschlagswerte* können Sie das Werk und den Lagerort als Vorschlagswerte festlegen und durch Markieren der entsprechenden Kontrollkästchen bestimmen, dass zukünftig das OK-Kennzeichen automatisch für alle Positionen gesetzt werden soll (Kontrollkästchen *OK in Zukunft vorschlagen* und *Alle Positionen vorschlagen*). Ansonsten muss es für jede Position manuell gesetzt werden).
Geben Sie noch im Belegkopf eine beliebige Nummer im Feld *Lieferschein* ein und drücken Sie nun den Button *Buchen*.

Tragen Sie bitte die Nummer des Buchungsbeleges (5xxxx..), der in der Statuszeile steht, in die Belegübersicht ein!
Schauen Sie sich anschließend die neue *Bestandssituation* des eingelagerten Materials an. Wählen Sie hierzu:

Logistik ⇨ *Materialwirtschaft* ⇨ *Bestandsführung* ⇨ *Umfeld* ⇨ *Bestand* ⇨ *Bestandsübersicht (MMBE):*
Geben Sie ein:
⇨ *Material:*   DRXX
⇨ *Werk:*   1000
⇨ *Lagerort*   0001
(lassen Sie bitte alle übrigen Felder unverändert).

Drücken Sie den *Ausführen*-Button. Sie gelangen in das Bild *Bestandsübersicht*. Ein Kundenauftragsbestand wird angezeigt. Überprüfen Sie Ihre Bestände auf Richtigkeit.
Probieren Sie auch die alternative Transaktion *MB52 aus (Option: Sonderbestände mit selektieren anklicken)*

Schauen Sie sich nun die erzeugte (Wareneingangs-)*Buchung* genauer an. Gehen Sie mit dem *Beenden-Button* zurück auf das Easy Access Menü. Wählen Sie von hier aus:

Materialbeleg ⇨ *Ändern (MB02)*. Tragen Sie Ihre (Wareneingangs-)belegnummer und das Belegjahr ein (diese Felder sind in der Regel bereits ausgefüllt). Drücken Sie den Button *Return* und anschließend den Button *RW-Belege* (= Rechnungswesenbelege). Im folgenden Fenster machen Sie bitte einen Doppelklick auf die Zeile *Buchhaltungsbeleg*. Sie erhalten eine Übersicht über die automatisch erzeugten Buchungssätze im Zusammenhang mit dem Wareneingang.

Verlassen Sie nun die Beleganzeige. Nun soll der *Rechnungseingang* des Lieferanten verbucht werden. Hierzu ermitteln Sie bitte nun den Rechnungsbetrag

(Effektivpreis + 19% Vorsteuer Ihrer Bestellung). Wählen Sie hierzu folgenden Menüpfad:

Logistik ⇨ Materialwirtschaft ⇨ Einkauf ⇨Bestellung ⇨ Ändern (ME22N).

Geben Sie im folgenden Bild Ihre Bestellnummer (s. Belegübersicht) ein und drücken Sie den Button Enter. Wählen Sie dann den Karteikartenreiter Konditionen. Notieren Sie den Effektivpreis Ihrer Bestellung und rechnen Sie hierzu noch 19% Vorsteuer hinzu. Notieren Sie sich die Gesamtsumme in der Belegübersicht.

Anschließend soll der Rechnungseingang verbucht werden. Wählen Sie hierzu folgenden Easy Access Menüpfad:

2) Logistik ⇨ Materialwirtschaft ⇨ Logistik-Rechnungsprüfung ⇨ Belegerfassung ⇨ Eingangsrechnung hinzufügen (MIRO).

Sie gelangen in das Bild Eingangsrechnung hinzufügen: Buchungskreis 1000. Geben Sie hier folgende Daten ein:

⇨ Rechnungsdatum: (=Tagesdatum)
⇨ Buchungsdatum: (Tagesdatum wird vorgeschlagen)
⇨ Bestellung: (Belegnummer Ihrer Bestellung; s. Belegübersicht Fallstudie 8 45xxxx; im Feld rechts neben dem Feld Bestellung/ Lieferplan eingeben)

Bitte dann Enter-Taste drücken. (Ein eventueller Hinweis auf geänderte Zahlungsbedingungen in der Statuszeile bitte mit Enter übergehen)

⇨ Betrag: Effektivpreis der Bestellung + 19% VST. Markieren Sie das Kontrollfeld Steuer rechnen
⇨ Steuerbetrag: (freilassen!)

Drücken Sie den Button Simulieren. Sie gelangen in das Bild Beleg simulieren in Euro.

Achten Sie darauf, dass der Saldo 0,00 Euro betragen muss, damit der Rechnungseingang verbucht werden kann.

Buchen Sie nun die Rechnung, indem Sie den Buchen-Button drücken.

Notieren Sie sich die zugewiesene Belegnummer in der Belegübersicht!

(Hinweis nur für Administratoren: Die Prüfung der Betragshöhe der Positionen mit Bestellbezug (Toleranzschlüssel AP; Standardeintrag im Detailbild Euro 10.000,--) mit der möglichen Konsequenz einer Zahlungssperre und anschließender notwendiger Zahlungsfreigabe kann im Customizing (TA Code OMRH) für den Buchungskreis 1000 (IDES AG) deaktiviert werden. Ebenso kann durch den TA Code OMR6 der Eintrag 1000/ (Toleranzschlüssel ST) / Terminabweichung, der eine Zahlung vor Erreichen des Liefertermins verhindern soll, deaktiviert werden). Notwendig ist auch die Deaktivierung des „stochastischen" Sperrens (TA Code OMRF), nach der Rechnungen nach dem Zufallsprinzip gesperrt werden können (je höher der Rechnungsbetrag, desto höher ist die Wahrscheinlichkeit des stochastischen Sperrens). Falls diese Einstellungen nicht vorgenommen werden, müssen die Eingangsrechnungen je nach Betragshöhe in einem separaten Arbeitsschritt zur Zahlung freigegeben werden (siehe hierzu folgenden Menüpfad.)

Da eine *Zahlungssperre* wegen Terminabweichung, Betragshöhe oder stochastischer Prüfung erfolgen kann, muss die Rechnung eventuell noch *zur Zahlung freigegeben* werden. Wählen Sie hierzu folgenden Menüpfad:

Logistik ⇨ *Materialwirtschaft* ⇨ *Logistik-Rechnungsprüfung* ⇨ *Weiterverarbeitung* ⇨ *gesperrte Rechnungen freigeben (MRBR).*

Im Bild G*esperrte Rechnungen freigeben* geben Sie anschließend Ihre Lieferanten-(=Kreditoren)nummer (LXX) ein und drücken den Ausführen-Button.

Im Bild G*esperrte Rechnungen freigeben:* Markieren Sie das Feld *Sperrgrund Termin* und drücken Sie dann den Button Sperrgrund (löschen).
Drücken Sie danach den Button *(Änderungen-) Sichern.* Die Belegzeile verschwindet und in der Statuszeile erscheint die Meldung*: Es wurden x Rechnungen freigegeben.*
Wiederholen Sie den Vorgang bei eventuellen weiteren Sperrgründen. Verlassen Sie das Bild durch Drücken des *Beenden* Buttons.

Zum Schluss soll die Rechnung noch durch die Buchhaltung bezahlt werden. Um die Erfassung der Rechnungsdaten sowie den *Zahlungsausgang* durchzuführen, wählen Sie bitte folgenden Menüpfad:

3) *Rechnungswesen* ⇨ *Finanzwesen* ⇨ *Kreditoren* ⇨ *Buchung* ⇨ *Zahlungsausgang* ⇨ *Buchen (F-53).* Sie gelangen in das Bild *Zahlungsausgang buchen: Kopfdaten.* Geben Sie hier folgende Daten ein:

⇨ *Belegdatum:*	(Tagesdatum)
⇨ *Belegart:*	*KZ* (= Kreditoren Zahlung)
⇨ *Buchungskreis:*	*1000*
⇨ *Buchungsdatum:*	(Tagesdatum)
⇨ *Periode:*	(z.B. *05* für Mai)
⇨ *Währung:*	*EUR*
⇨ Bankdaten *Konto:*	*113100* (= Bank Inland)
⇨ *Betrag:*	(= Rechnungsbetrag incl. Steuer)

Feldgruppe Auswahl der Offenen Posten:
⇨ *Konto:* LXX

Drücken Sie den Button *OP bearbeiten.* Sie gelangen in das Bild *Zahlungsausgang buchen: Offene Posten bearbeiten.* Achten Sie darauf, dass im Feld *Nicht zugeordnet* 0,00 Euro steht. Dies ist die Voraussetzung dafür, dass der Zahlungsausgang verbucht werden kann. Buchen Sie nun die Zahlung, indem Sie den *Sichern* (Buchen)-Button drücken.
Notieren Sie sich die zugewiesene Belegnummer auf dem Blatt Belegübersicht!
Beenden Sie die Anwendung.

Schauen Sie sich die erzeugte (Zahlungs-)*Buchung* genauer an. Wählen Sie hierzu:

Rechungswesen ⇨ *Finanzwesen* ⇨ *Kreditoren* ⇨ *Beleg* ⇨*Anzeigen (FB03)*.

Sie gelangen in das Bild *Beleg anzeigen: Einstieg*. Geben Sie hier folgende Daten ein:

⇨ *Belegnummer:*	(Ihre Belegnummer des Zahlungsausgangs, s. Belegübersicht; ggf. schon sytemseits eingetragen)
⇨ *Buchungskreis:*	*1000*
⇨ *Geschäftsjahr:*	(= aktuelles Jahr)

Drücken Sie die *Enter*-Taste. Sie erhalten eine Übersicht über die automatisch erzeugten Buchungssätze im Zusammenhang mit dem Zahlungsausgang.

Raum für Ihre Notizen:

3.19 Hintergrundwissen zu Fallstudie 10
Fertigungsauftragsbearbeitung

Inhalt:

3.19.1 Wesen des Fertigungsauftrages 163

3.19.2 Fertigungsauftrag anlegen/ eröffnen 163

3.19.3 Phasen eines Fertigungsauftrages 165

Raum für Ihre Notizen 167

3.19.1 Wesen des Fertigungsauftrages

Ein Fertigungsauftrag dokumentiert:

⇨ was gefertigt wird
⇨ die Fertigungstermine
⇨ wo Kapazität eingeplant wird
⇨ die Fertigungskosten

Der Fertigungsauftrag ist das zentrale Informationsobjekt in der *Fertigungssteuerung*. Er beinhaltet sämtliche Daten zur Materialfertigung: Die Fertigungsvorgänge werden aufgelistet, ebenso Materialkomponenten, Fertigungshilfsmittel und sonstige Ressourcen. Ein Fertigungsauftrag kann auch *Fremdarbeitsgänge* enthalten, die in einer externen Fertigungsstätte ausgeführt werden. Es können auch *Nacharbeitsvorgänge* einem bestehenden Fertigungsauftrag zugeordnet werden.

3.19.2 Fertigungsauftrag anlegen/eröffnen

Die *Auftragseröffnung* erfolgt automatisch aus Planaufträgen der Materialbedarfsplanung oder wird als Eil- oder Sonderauftrag manuell eröffnet.

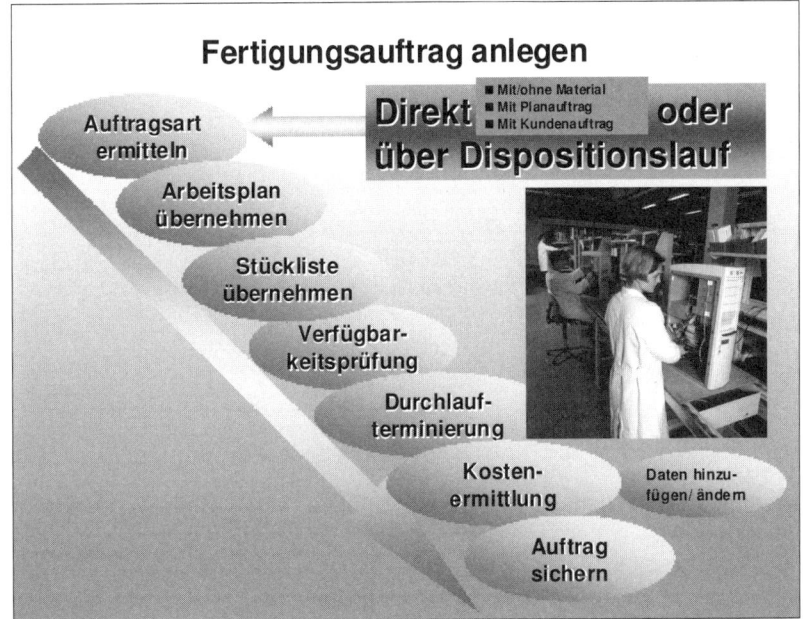

Abbildung 76

Folgende Funktionen werden in der Regel automatisch (im Hintergrund) durchgeführt. Nach Festlegung der Auftagsart werden die Vorgangsliste aus einem *Arbeitsplan* und die benötigten *Materialkomponenten* aus der entsprechenden *Stückliste* übernommen. Die *Durchlaufterminierung* kann automatisch durchgeführt werden. Dann wird je nach gewählter *Terminierungsart* (Rückwärts- oder Vorwärtsterminierung) entweder der *Starttermin des Auftrags* (und die Termine der einzelnen Vorgänge) oder der *Liefertermin* berechnet. Sind die Komponenten aus der Stückliste übernommen, findet eine *Materialverfügbarkeitsprüfung* statt.

Für lagerhaltige Stücklistenpositionen werden *Reservierungen* mittels einer Reservierungsnummer erzeugt. Außerdem werden die Plankosten für den Auftrag ermittelt und die Kapazitätsbedarfe für die Arbeitsplätze erzeugt. Nichtlagerkomponenten und fremdbearbeitete Vorgänge lösen entsprechende Bestellanforderungen aus.

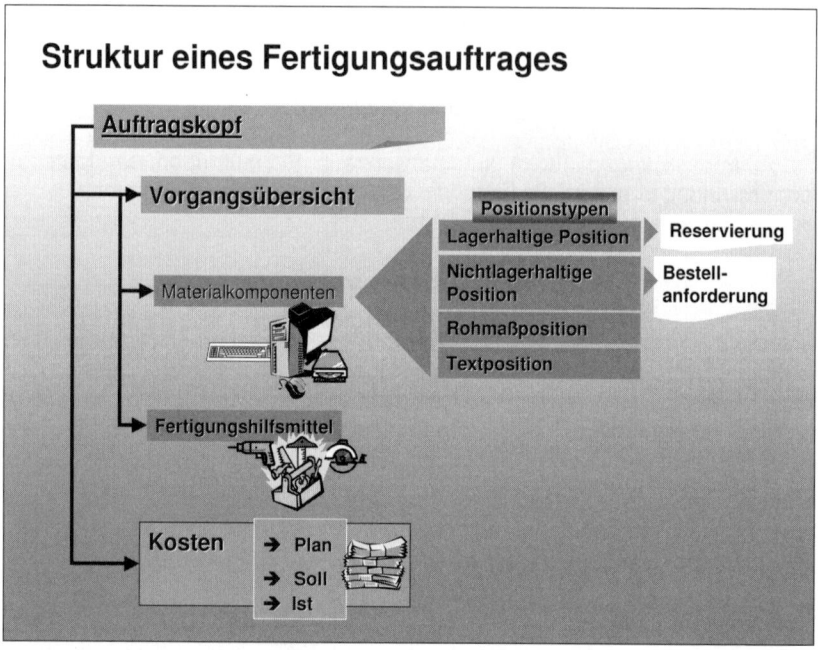

Abbildung 77

Abschließend wird der Fertigungsauftrag unter einer eindeutigen Belegnummer gesichert.

3.19.3 Phasen eines Fertigungsauftrages

Nach der Eröffnung eines Fertigungsauftrages schließt sich die *Auftragsfreigabe* an. Die Auftragsfreigabe erfolgt *manuell* oder *automatisch* (über ein sogenanntes Fertigungssteuerungsprofil, welches im Customizing gepflegt wird). Es können komplette Aufträge oder nur einzelne Vorgänge (Teilfreigabe) eines Auftrages freigegeben werden. Ebenso ist es möglich, im Rahmen einer *Sammelfreigabe* (in einer Sammelliste) mehrere Fertigungsaufträge zu selektieren und gleichzeitig freizugeben. Zum Zeitpunkt der Freigabe kann nochmals eine manuelle oder automatische Materialverfügbarkeitsprüfung durchgeführt werden. Nach der Freigabe können *Arbeitspapiere* (z.B. Material- und Lohnscheine) gedruckt und Kommissionierlisten ausgegeben werden. Im Folgenden können die zur Fertigung benötigten bzw. reservierten Materialien ausgegeben und die Produktion durchgeführt werden (*Fertigungsauftragsdurchführung*). Die *auftragsbegleitende Statusverwaltung* (z.B. freigegeben, vorkalkuliert, gedruckt, rückgemeldet) ermöglicht dem Fertigungssteuerer stets einen Überblick über den jeweiligen Bearbeitungsstand des Auftrages.

Die Auftragsrückmeldung zeigt den Stand der Bearbeitung von Aufträgen und Vorgängen. Die Rückmeldung dient somit der Kontrolle und zeigt auf, welche Menge (bzw. Ausschussmenge) gefertigt wurde, an welchem Arbeitsplatz der Vorgang ausgeführt wurde und wer (per Personalnummer) den Vorgang durchgeführt hat. Rückmeldungen können sich auf einen kompletten Auftrag oder nur auf einzelne Vorgänge beziehen.
Nach Abschluss der Fertigungsdurchführung und entsprechender (Teil-) Rückmeldung wird die produzierte Ware per *internem Wareneingang* ein- bzw. zwischengelagert. Falls die Ware schon für bestimmte Verwendungszwecke (z.B. für einen bestimmten Kundenauftrag) vorgesehen ist, erfolgt die Wareneingangsbuchung unter Angabe der entsprechenden Bewegungsart bzw. der Kundenauftragsnummer. Damit wird sichergestellt, dass die Ware reserviert ist und nicht mehr für andere Bedarfe zur Verfügung steht.

Die folgende Abbildung zeigt die beschriebenen Bearbeitungsschritte eines Fertigungsauftrages nach der Eröffnung:

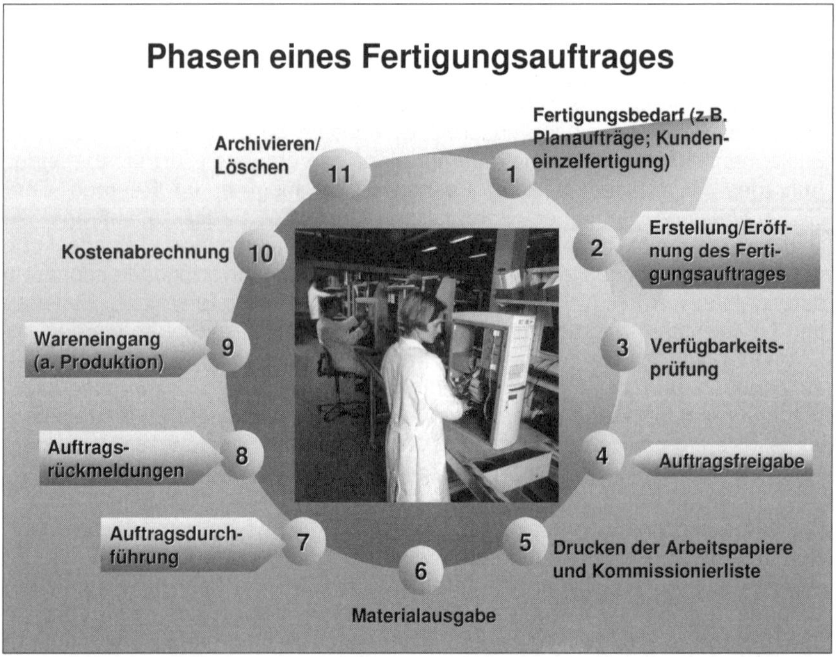

Phasen eines Fertigungsauftrages
1 Fertigungsbedarf (z.B. Planaufträge; Kundeneinzelfertigung)
2 Erstellung/Eröffnung des Fertigungsauftrages
3 Verfügbarkeitsprüfung
4 Auftragsfreigabe
5 Drucken der Arbeitspapiere und Kommissionierliste
6 Materialausgabe
7 Auftragsdurchführung
8 Auftragsrückmeldungen
9 Wareneingang (a. Produktion)
10 Kostenabrechnung
11 Archivieren/ Löschen

Abbildung 78

Übersicht Fallstudie 10
MM
BANF
Bestellung
100 Drucker
autom.
SD
Kundenauftrag
Erste Terminierung
autom.
PP
Stückliste, Arbeitsplan, Arbeitsplatz, (freie) Kapazität, (neue) Terminierung, Liefertermin
① Fertigungsauftrag
② Freigabe
Reservierung
③ Innerbetriebl. Warenausgang
Materiallager
Fertigmeldung ⑤
innerbetrieblicher Wareneingang ⑥
Versandlager
Auslieferung
Rechnung
④ Montage

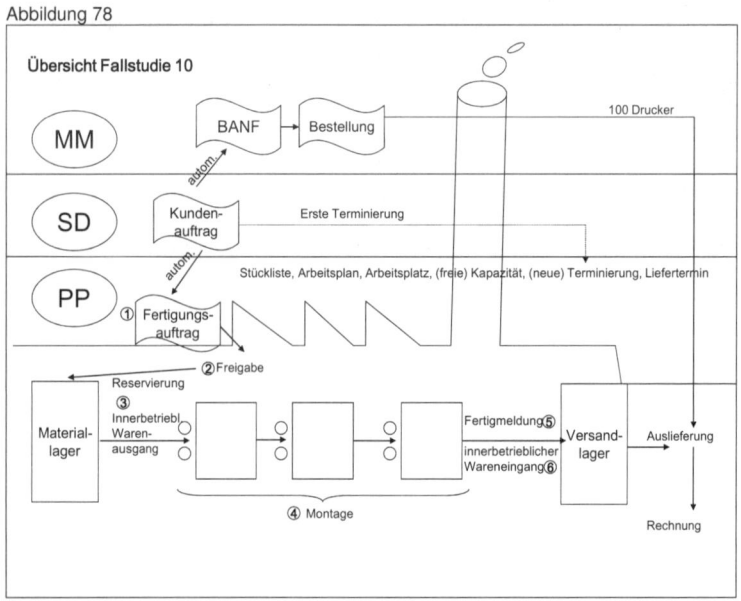

Abbildung 78a

Raum für Ihre Notizen:

3.20 Fallstudie 10: Fertigungsauftragsbearbeitung

Diese Fallstudie beschreibt den gesamten *Fertigungsprozess* Ihres Rechners Komplett PC XX im R/3 System. Die Fertigung unterteilt sich in folgende Aufgabenschritte (siehe auch Abbildung 78a, S.166)

1. Schritt:	Fertigungsauftrags*eröffnung* (ist bereits im Rahmen der Auftragserfassung in Fallstudie 7 erfolgt)
2. Schritt:	Fertigungsauftrags*freigabe*
3. Schritt:	*Materialreservierung und Warenausgang* für Fertigungsauftrag
4. Schritt:	Fertigungsauftrags*durchführung*
5. Schritt:	Fertigungsauftrags*rückmeldung*
6. Schritt:	*Wareneingang* durch Fertigungsauftrag

1. Schritt:
Eröffnen Sie im Rahmen der *Fertigungssteuerung* den während der Kundenauftragserfassung erstellten (Plan-)Fertigungsauftrag, um den Komplett Rechner PCXX zu montieren. Dieser muss zunächst neu terminiert werden. Es soll auch geprüft werden, ob alle benötigten Komponenten bereit stehen und zugleich eine Kapazitätsprüfung durchgeführt werden.

Wählen Sie bitte folgenden Easy Access Menüpfad:
Logistik ⇨ *Produktion* ⇨ *Fertigungssteuerung* ⇨ *Auftrag* ⇨ *Ändern* ⇨ *(CO02)*:
Sie gelangen auf das Bild *Fertigungsauftrag ändern: Einstieg*. Geben Sie hier folgende Daten ein:

⇨ *Auftrag:* (geben Sie hier die Belegnummer Ihres Fertigungsauftrages (Belegübersicht Fallstudie 7; 6000xxxx ein)

Drücken Sie die *Enter* – Taste.

Überprüfen Sie folgende Daten:

Maske	Feld	Inhalt
Fertigungsauftrag ändern: Kopf	Gesamtmenge Ecktermine: Ende Start	100 Stück vorgegeben vorgegeben Drücken Sie den Button Auftrag Terminieren . Eine (Neu-) terminierung wird ausgeführt. Drücken Sie dann den Button *Vorgangsübersicht* . Sie gelangen in die folgende Maske:
Vorgangsübersicht		Überprüfen Sie die Daten auf Vollständigkeit. Drücken Sie dann den Button *Komponentenübersicht*
Komponentenübersicht		Überprüfen Sie die Daten auf Vollständigkeit. *Markieren* Sie einen Vorgang und drücken dann den Button *Komponentendetail* (zu finden im unteren linken Maskenbereich). Drücken Sie dann wieder den Button *Vorgangsübersicht*
Vorgangsübersicht		Wählen Sie von diesem Bild aus folgende Menüpfade: *Springen* ⇨ *Kosten* ⇨ *Einzelnachweis* und danach *Springen* ⇨ *Graphik* ⇨ *Gantt-Graphik* (Beenden Sie die Graphikdarstellung mit dem *Abrechen*-Button) Im Bild *Vorgangsübersicht* machen Sie bitte einen Doppelklick auf die 1. Position (alternativ Button Detail Vorgang drücken) und drücken dann den Button (Karteikarte) *Vorgabewerte*
Vorgang – Vorgabewerte		Schauen Sie sich die Werte in Ruhe an. Drücken Sie anschließend den Button *Auftragskopf* (alternativ: Menü *Springen* ⇨ *Kopf*)

169

Fallstudie 10: Fertigungsauftragsbearbeitung

Fertigungsauftrag ändern: Kopf		Prüfen Sie bitte abschließend nochmals die Materialverfügbarkeit Ihres Fertigungsauftrages, indem Sie den Menüpfad *Funktionen* ⇨ *Verfügbarkeitsprüfung* ⇨ *Material- ATP* wählen. Sie erhalten eine entsprechende Meldung in der Statuszeile.
2. Schritt: *Fertigungsauftragsfreigabe*	Nach der Fertigungsauftragseröffnung soll die Montage unseres Komplett-PC in die Realisierungs-Realisierungsphase überführt werden. Hierzu muss Ihr Fertigungsauftrag noch *freigegeben* werden.	Wählen Sie im *Bild Fertigungsauftrag ändern: Kopf* folgenden Menüpfad: *Funktionen* ⇨ *Freigeben (alternativ Button* ▣ *).* In der Statuszeile erhalten Sie die Mitteilung, dass der Auftrag freigegeben wurde.

Sichern Sie bitte Ihren Fertigungsauftrag (ggfs. muss der Auftrag vorher nochmals terminiert werden).
Notieren Sie sich bitte, sofern noch nicht erfolgt, die Fertigungsauftragsnummer in der Belegübersicht!

3+4. Schritt:
Materialreservierung, Warenausgang für Fertigungsauftrag und Fertigungsauftragsdurchführung

Sind die Materialien, die Fertigungsmittel und das Personal vorhanden und ist der Fertigungsauftrag eröffnet und freigegeben, kann mit der Montage des Komplettrechners begonnen werden. Im Rahmen der *Auftragseröffnung* wurde eine *Materialreservierung* vorgenommen. Der *Warenausgang* zum Zwecke der Produktionsdurchführung muss noch durchgeführt werden. Ermitteln Sie bitte zunächst Ihre Material*reservierungsnummer*. Wählen Sie hierzu bitte folgenden Menüpfad:
Logistik ⇨ *Produktion* ⇨ *Fertigungssteuerung*⇨ *Auftrag* ⇨ *Ändern:*
Sie gelangen auf das Bild *Fertigungsauftrag ändern: Einstieg.* Geben Sie die Belegnummer Ihres Auftrages ein. Selektieren Sie die Option *Übersicht anzeigen.* Drücken Sie den Button *Komponentenübersicht*. Markieren Sie eine Komponente und wählen Sie dann das Menü *Komponente* ⇨ *Komponenten-*

detail (Alternativ: Doppelklick auf erster Komponentenzeile). In der Datengruppe Komponente finden Sie das Feld Reservierung.

Notieren Sie sich die Reservierungsnummer in der Belegübersicht!

Verlassen Sie die Fertigungsauftragsbearbeitung und gehen Sie wieder auf die SAP-Easy Access Menüebene. Wählen Sie von hier aus:

Logistik ⇨ *Materialwirtschaft* ⇨ *Bestandsführung* ⇨ *Reservierung* ⇨ *Anzeigen(MB23):*
Geben Sie Ihre Reservierungsnummer ein und drücken Sie den Button *Übersicht*. Sie erhalten eine Reservierungsübersicht zum Fertigungsauftrag PC-Montage.
Gehen Sie wieder auf die oberste SAP-Menüebene (TA Code /nS000). Im Folgenden wollen wir den *Warenausgang zu Fertigungszwecken* buchen. Wählen Sie hierzu:

Logistik ⇨ *Materialwirtschaft* ⇨ *Bestandsführung* ⇨ *Warenbewegung* ⇨ *Warenausgang (/nMB1A):*

Geben Sie im Feld *Bewegungsart 261* (Verbrauch für Auftrag aus dem Lager) und im Feld *Lagerort 0001* und *Werk 1000* ein und drücken Sie den *Enter*-Button.
Sie gelangen in das Bild*: Warenausgang erfassen: Neue Positionen.* Geben Sie im Feld *Auftrag* Ihre Fertigungsauftragsnummer (s. Belegübersicht 6000xxxx) ein. Drücken Sie den Button *Zur Reservierung*.
Es erscheint das Fenster: *Vorlage Reservierung.* Geben Sie hier Ihre Reservierungsnummer (s. Belegübersicht) ein. Drücken Sie anschließend den Button *Übernehmen*. Die reservierten Materialien werden eingelesen. Überprüfen Sie sie auf Vollständigkeit und drücken Sie bitte dann den Sichern- (= Buchen) Button. Der *Warenausgang für die Produktion* wird nun gebucht und Sie erhalten die entsprechende Belegnummer (4900xxxxx) in der Statuszeile mitgeteilt *(Bitte in der Belegübersicht notieren!)*
Durch die Buchung wird die Reservierung gelöscht und der Bestand entsprechend reduziert.

Gehen Sie nun einen Schritt zurück auf die Easy Access Menü *Bestandsführung*. Geben Sie von hier aus ein: *Materialbeleg* ⇨ *Ändern*. Tragen Sie Ihre Materialbelegnummer (s. Belegübersicht) und das Belegjahr ein (diese Felder sind in der Regel bereits ausgefüllt). Drücken Sie den Button Kopf und dann den Button *Übersicht* und anschließend den Button *RW – Belege* (= Rechnungswesenbelege). Im folgenden Fenster machen Sie bitte einen Doppelklick auf die Zeile *Buchhaltungsbeleg*. Sie erhalten eine Übersicht über die automatisch erzeugten Buchungen im Zusammenhang mit dem Warenausgang. Verlassen Sie das Programm Bestandsführung mit dem *Beenden*-Button. Gehen Sie bis auf die Easy Access Menüebene zurück.

5. Schritt: Fertigungsauftragsrückmeldung

Durch die Auftragsrückmeldung wird der Bearbeitungsstand des Fertigungsauftrags detailliert dokumentiert. Durch die Rückmeldung kann beispielsweise festgestellt werden,

- wieviel Ausschuss produziert wurde
- ob es Abweichungen zwischen Soll-/ Istmengen gibt
- welcher Mitarbeiter an welchem Arbeitsplatz welchen Vorgang durchgeführt hat
- ob es ungeplante Warenbewegungen gab
- Istkostenermittlung

Die Rückmeldung kann prinzipiell zu einzelnen Vorgängen oder zu einem gesamten Auftrag erfolgen. Zur Durchführung der letztgenannten Möglichkeit wählen Sie bitte folgenden Menüpfad:

Logistik ⇨ Produktion ⇨ Fertigungssteuerung ⇨ Rückmeldung ⇨ Erfassen ⇨ Zum Auftrag (CO15)

Sie gelangen auf das Bild *Rückmeldung zum Fertigungsauftrag erfassen: Einstieg*. Geben Sie dann die Belegnummer des Fertigungsauftrages (s. Belegübersicht) ein. Drücken Sie die *Enter*-Taste. Der Auftrag wird eingelesen.
Sie gelangen auf das Bild *Rückmeldung zum Fertigungsauftrag erfassen: Istdaten*. Geben Sie hier ein:

Endrückmeldung   ⦿ Endrückmeld.
Rück. Gutmenge (wird bereits vorgeschlagen)   100   Einheit: ST (=Stück)

Drücken Sie nun bitte den Button *Warenbewegung* und *Sichern* Sie abschließend die Rückmeldung. Sie erhalten dann eine entsprechende Meldung in der Statuszeile.

6. Schritt: Wareneingang durch Fertigungsauftrag

Nach dem Abschluss der Fertigungsauftragsdurchführung und erfolgter Rückmeldung wird die Ware bis zum Abruf (Auslieferung) im Fertigwarenlager eingelagert. Dies erfordert eine entsprechende Umbuchung. Wählen Sie hierzu:

Materialwirtschaft ⇨ Bestandsführung ⇨ Warenbewegung ⇨ Wareneingang Zum Auftrag (MB31):

Geben Sie in den Feldern...

⇨ *Bewegungsart*: *101* (Wareneingang zum Auftrag in das Lager)
⇨ *Auftrag:*   (Ihre Fertigungsauftragsnummer)
⇨ *Werk:*   1000
⇨ *Lager:*   0001   ...ein und drücken Sie den Enter – Button.

Sie gelangen in das Bild: *Wareneingang zum Auftrag: Auswahlbild*. Drücken Sie den Button *Übernehmen* 🗔 und buchen Sie abschließend den Wareneingang, indem Sie den *Sichern*-Button drücken (eventuelle Hinweise in der Statuszeile, z.B. "...Material ist Fehlteil. Disponent Kunitz wird benachrichtigt" ignorieren Sie bitte durch das vorherige Drücken der Enter-Taste).

Notieren Sie sich die Nummer des Buchungsbeleges in der Belegübersicht!

Schauen Sie sich nun die neue *Bestandssituation* des Fertigerzeugnisses PCXX an. Wählen Sie hierzu:

Logistik ➪ *Materialwirtschaft* ➪ *Bestandsführung* ➪ *Umfeld* ➪ *Bestand* ➪ *Bestandsübersicht (MMBE)*:
Geben Sie ein:

➪ *Material:*   PCXX
➪ *Werk:*   1000
➪ *Lagerort:*   0001

Drücken Sie den *Ausführen*-Button. Sie gelangen in das *Bild Bestandsübersicht: Grundliste*. Die produzierte Menge wurde in den Kundenauftragsbestand gebucht.

Schauen Sie sich den erzeugten (Wareneingangs-)*Beleg* genauer an. Wählen Sie hierzu:

Logistik ➪ *Materialwirtschaft* ➪ *Bestandsführung* ➪ *Materialbeleg* ➪ *Anzeigen*. Tragen Sie Ihre Materialbelegnummer und das Belegjahr ein (diese Felder sind in der Regel bereits ausgefüllt). Drücken Sie den Button *Enter*. Im Bild *Übersicht* wird der Materialbeleg angezeigt.

Raum für Ihre Notizen:

3.21 Hintergrundwissen Fallstudie 11
Lieferung anlegen

Inhalt:

3.21.1	Abläufe bei der Auslieferung	176
3.21.2	Versandfunktionen	177
3.21.3	Versandbelege	178
3.21.4	Lieferungsarten	179
3.21.5	Nachrichtenarten im Versand	179
3.21.6	Aufbau (Struktur des Lieferungsbeleges)	180
3.21.7	Anlegen einer Lieferung	181
3.21.8	Bearbeitung von Lieferungen	181
3.21.9	Besonderheiten bei der Lean-WM-Kommissionierung	182
3.21.10	Erstellungsformen	184

Raum für Ihre Notizen 186

3.21.1 Abläufe bei der Auslieferung

Nach der Auftragserfassung soll die termingerechte Auslieferung der Waren erfolgen. Schon während der Auftragserfassung ist es möglich, dass über die Angabe eines *Auslieferungswerkes* eine bestimmte ausliefernde Stelle, die sog. *Versandstelle*, automatisch ermittelt wird. Die Versandstelle ist diejenige organisatorische Einheit, in der die weitere Lieferungsbearbeitung stattfindet. Die Mitarbeiter und Mitarbeiterinnen im Versand sind dafür verantwortlich, dass die Ware rechtzeitig bereitgestellt wird, dass ganze Lieferungen zusammengestellt (= *kommissioniert*) werden, dass die *Verpackung, Verladung* und der *Warenausgang* stattfindet. Der Arbeitsfortschritt muss verfolgt werden, bis die Ware Ihr Werk verlässt. Mit dem *Warenausgang* gilt die Lieferung als erledigt für den Versand. Der Vorgang Lieferung wird in entsprechenden *Belegarten* gespeichert. Bevor eine Lieferung angelegt werden kann, erfolgt nochmals eine *Verfügbarkeitsprüfung* der Ware.

Ist die Verfügbarkeit gegeben, wird die Lieferung, wie bereits erwähnt, kommissioniert, d. h. die einzelnen zur Lieferung gehörenden Materialpositionen werden kundenspezifisch zusammengestellt und zum Versand fertig gemacht. Nach Fertigmeldung der erfolgreichen Kommissionierung durch Angabe der sog. *Pickmenge* (s.u.), nach Erstellung der wichtigen warenbegleitenden Papiere wie beispielsweise der *Lieferscheine* oder *Frachtbriefe*, kann das Material nun verpackt werden und anschließend verladen werden. Danach kann der *Warenausgang gebucht* werden. Üblicherweise wird nun die Ware zum Kunden transportiert und die gesamte Lieferung kann *in Rechnung gestellt* werden. Bei der Fakturierung kann der im System hinterlegte Lieferungsbeleg mit all seinen Positionen als *Referenz-(Kopier-)beleg* für die Erstellung der Rechnung dienen. Nach Abspeichern des Rechnungs- bzw. Fakturierungsbeleges erfolgt automatisch eine Übergabe der Fakturadaten an die Finanzbuchhaltung bzw. an das Controlling in Form eines abrufbaren Buchungssatzes.

Folgende Grafik soll die Abläufe bei der Auslieferung nochmals verdeutlichen:

Hintergrundwissen zu Fallstudie 11: Lieferung anlegen

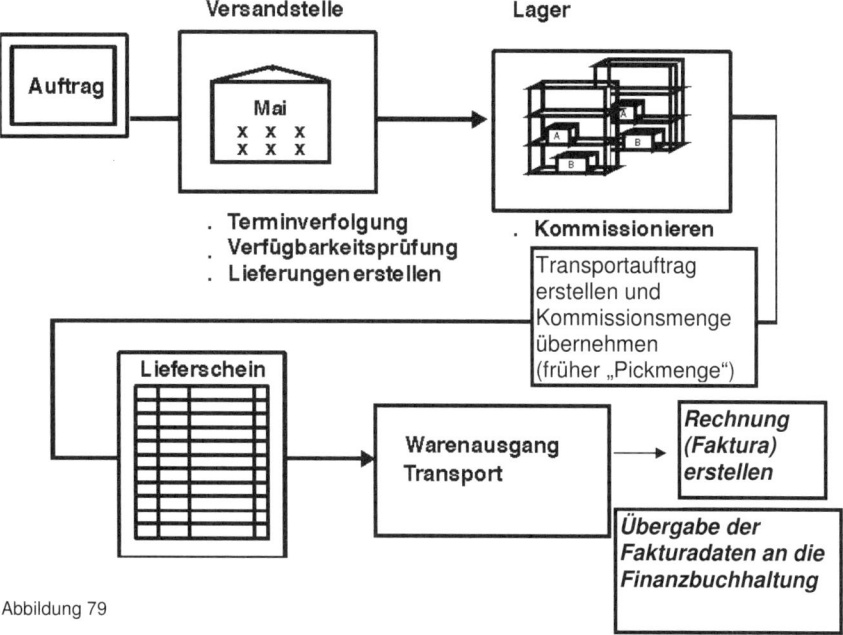

Abbildung 79

3.21.2 Versandfunktionen

Innerhalb der Komponente Versand sind folgende *Funktionen* verfügbar:

- Fälligkeitsverfolgung der für die Auslieferung relevanten Belege (z.B. Kundenaufträge)
- Erstellen und Bearbeiten von Lieferungen
- Kontrolle der Verfügbarkeit der auszuliefernden Waren
- Kontrolle der Lagerkapazitäten
- Hilfen bei der Kommissionierung
- Verpacken der auszuliefernden Waren
- Druck und Versenden der Versandpapiere
- Warenausgangsbuchungen
- Übersichtsbilder zu...
... noch in Bearbeitung befindlichen Lieferungen
... noch nicht abgeschlossenen Versandaktivitäten (Statusübersicht)
- Bildung von Lieferungspaketen (Arbeitsvorräte)

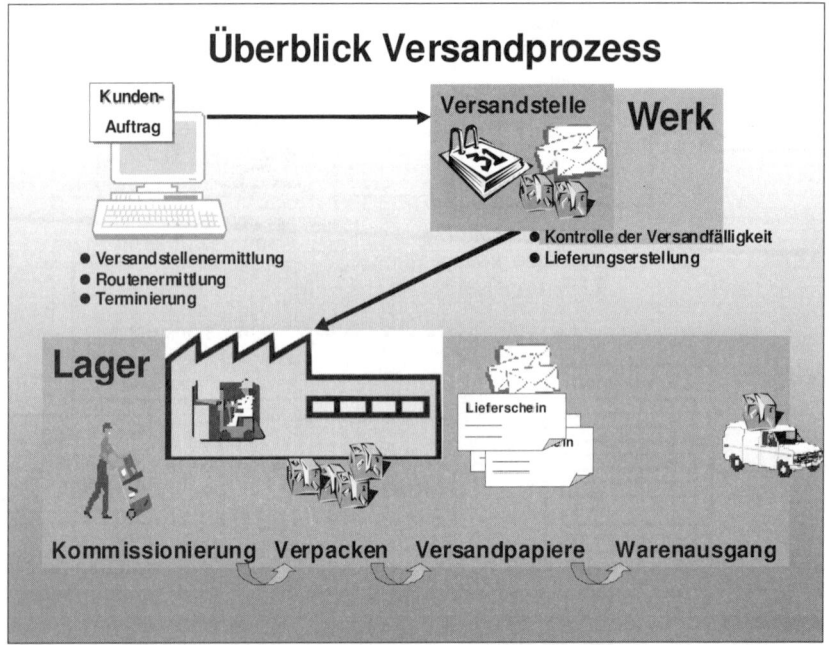

Abbildung 80

3.21.3 Versandbelege

Die Durchführung des Versands wird mit Hilfe der Versandbelege *Lieferung, Transportauftrag* und *Warenausgang* im System abgebildet. Der erste und zentrale Beleg ist der der *Lieferung,* mit dessen Erstellung die Auslieferungstätigkeiten für die fälligen Aufträge (bzw. Auftragspositionen) beginnen. Die Erstellung dieses Beleges wird erst erlaubt, wenn eine Verfügbarkeitsprüfung bzgl. der zu beliefernden Positionen erfolgreich war.

Beim Erfassen einer Lieferung werden die Daten aus den *Stammsätzen* (Material, Kunde) oder den Vorgängerbelegen (z. B. Aufträge) übernommen. Es ist zu unterscheiden, ob die Lieferung *mit* oder *ohne Bezug* auf einen Verkaufsbeleg erstellt wird.

Nach Eröffnung der Lieferung erfolgt die Anlage eines oder mehrerer *Transportaufträge.* Der Transportauftrag ist ein interner Beleg, in dem die Bewegungen innerhalb eines Lagerkomplexes in Gang gesetzt und kontrolliert werden.

Durch die Warenausgangsbuchung werden die Lagerbestände aktualisiert und ein entsprechender Buchungsbeleg erstellt.

3.21.4 Lieferungsarten

Die Lieferungseinzelheiten lassen sich über unterschiedliche Lieferungsarten steuern. Eine Übersicht über mögliche Lieferungsarten vermittelt die folgende Abbildung:

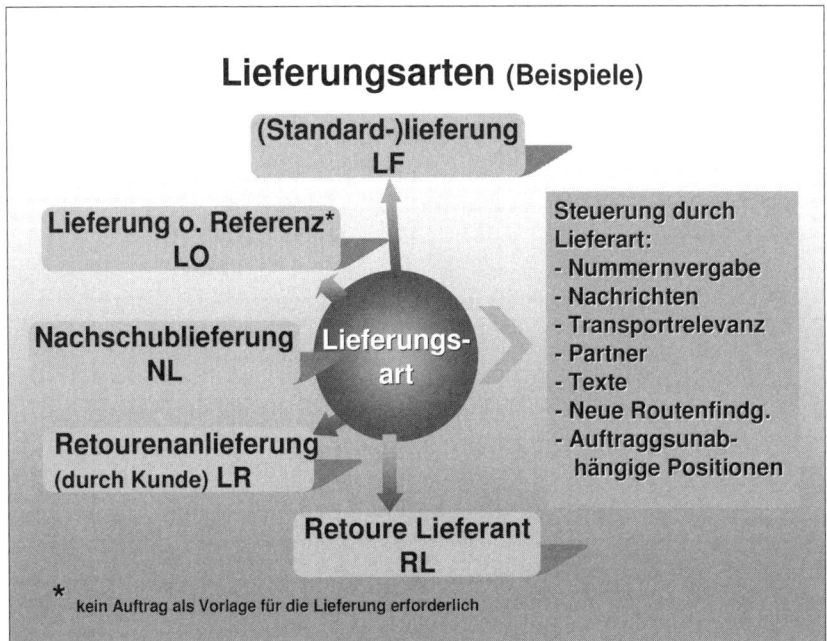

Abbildung 81

3.21.5 Nachrichtenarten im Versand

Im Standard existieren bereits eine Reihe von Nachrichtenarten. Diese Nachrichtenarten werden im Customizing mit einem entsprechenden Formular verbunden. Eine Übersicht über mögliche Nachrichtenarten vermittelt die folgende Abbildung:

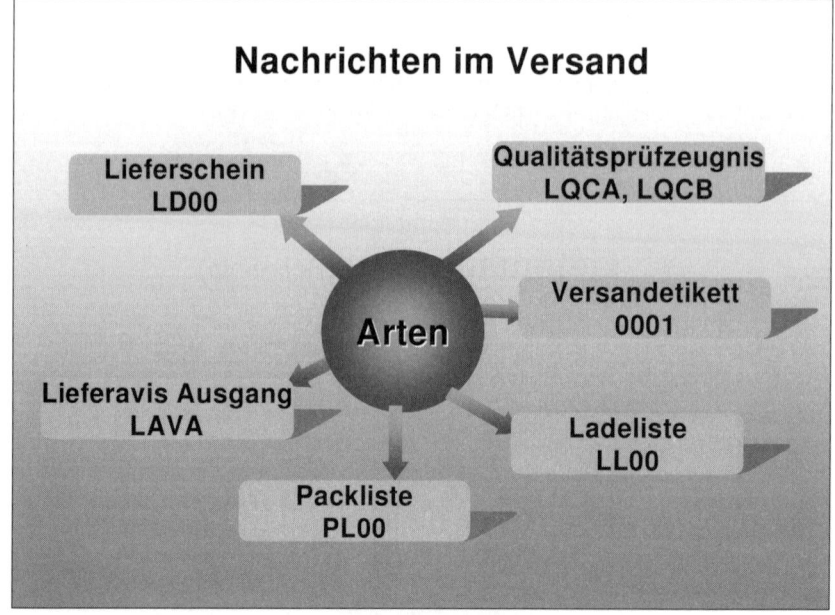

Abbildung 82

3.21.6 Aufbau (Struktur des Lieferungsbeleges)

In Lieferungsbelegen können Sie verschiedene Datenbilder aufrufen. Die Daten der Kopfbilder beziehen sich auf alle Lieferpositionen, die Positionsbilder nur auf die markierten Lieferpositionen. Darüber hinaus kann man diverse Übersichtsbilder zu Liefermengen, -gewichte und zur Kommissionierung aufrufen. Eine Übersicht über verfügbare Masken (Datensichten) zeigt die folgende Abbildung:

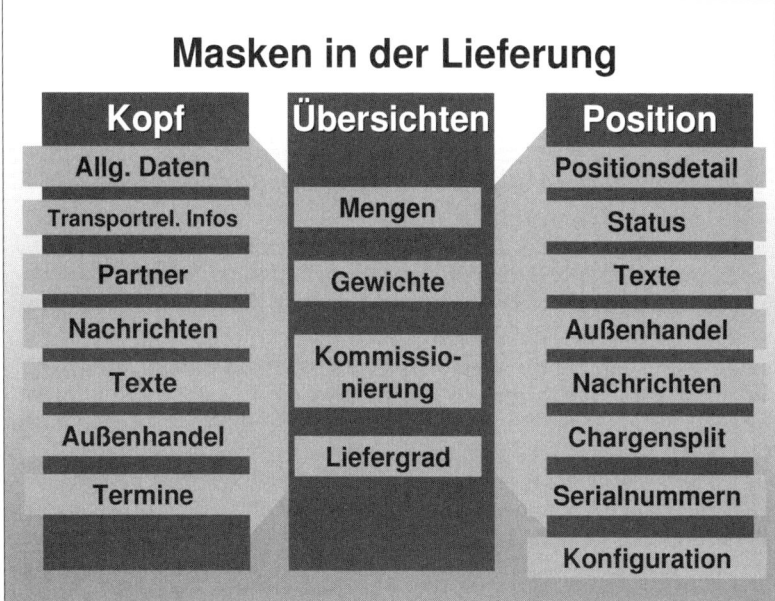

Abbildung 83

3.21.7 Anlegen einer Lieferung

Die Lieferung wird in der Regel dadurch erstellt, dass eine Referenzierung auf einen Vorgängerbeleg (z.B. Kundenauftrag) erfolgt. Die Daten werden aus dem Auftragsbeleg in die Lieferung eingelesen

Die übernommenen Daten können auf verschiedenen Bildschirmbildern (s. vorherige Abbildung) nachträglich ergänzt oder geändert werden.

Nur die fälligen und in den *Versandkriterien* übereinstimmenden Auftragspositionen werden beliefert. Die Versandkriterien sind z.B. der Warenempfänger, die Versandstelle, die Incoterms oder die Route. Existieren zu einer Position mehrere Einteilungen (Teillieferungen), werden sinnvollerweise nur die fälligen Einteilungen übernommen.
Beim Erfassen einer Lieferung mit Bezug auf einen Auftrag wird aufgrund des zugrundeliegenden Auftrags die *Lieferungsart* automatisch vorgeschlagen.

3.21.8 Bearbeitung von Lieferungen

Wenn für eine Einteilung das *Materialbereitstellungsdatum* oder das *Transportdispositionsdatum* erreicht ist, kann mit der Auslieferung begonnen werden. Mit der Erstellung der Lieferung werden die Versandaktivitäten, wie die Kommissionierung und die Transportorganisation, begonnen. Ausgeliefert wird jeweils immer nur über eine *Versandstelle*. Welche Versandstelle für eine Lieferung zuständig ist, kann schon bei der Auftragsabwicklung *automatisch* ermittelt und/oder vom Erfasser operativ bestimmt werden. Ein Auftrag kann nur beliefert werden, wenn folgende Voraussetzungen erfüllt sind. Bei *der Erstellung einer Lieferung* laufen verschiedene Prüfungen ab, um die Daten in der Lieferung zu ergänzen und ihre Richtigkeit bzw. Durchführbarkeit sicherzustellen:

- Die *Verfügbarkeit* der *Liefermenge* einer Materialposition wird geprüft.
- Die *Gewichte und das Volumen* der Lieferung werden bestimmt.
- Die *Liefersituation* des Auftrags und die getroffenen *Teillieferungsvereinbarungen* werden überprüft.

Es können noch nachträglich Änderungen vorgenommen werden, falls sich an der Versandsituation etwas ändert. Weichen Auftragspositionen in ihren *Versandkriterien* voneinander ab, sind z.B. verschiedene Warenempfänger für zwei Positionen definiert, müssen zwei Lieferungen für den Auftrag erzeugt werden. Sofern die Auftragspositionen *verschiedener Aufträge* in ihren Versandkriterien übereinstimmen und der Auftraggeber dies wünscht, können sie in *einer* Lieferung *zusammengefasst* werden.

3.21.9 Besonderheiten bei der Lean-WM-Kommissionierung:

Wesen, Organisationseinheiten und Schritte der Lean-WM-Kommissionierung:
Lean-WM (Warehouse Management) ist eine funktionsreduzierte Variante der R/3 Komponente WM. Sie wird ab Rel. 4.0 als Mindestfunktionalität im Versand von SAP empfohlen.
Folgende Organisationseinheiten (Lagerstrukturen) müssen hierzu eingerichtet werden:

1) *Lagernummer*: Unter dieser Nummer wird die Struktur eines bestimmten Lagerkomplexes verwaltet

2) *Lagertyp*: Organisatorisch-technische Differenzierung einzelner Lager innerhalb einer Lagernummer (z.B. Blocklager, EDV-gesteuertes Hochregallager, Kommissionierlager mit Festplätzen ; Versandzone)

3) *Kommissionierbereich*: Zusammenfassung von Lager*plätzen* unter auslagerungstechnischen Gesichtspunkten (= Gegenstück zum Lagerbereich ⇒ Zusammenfassung von Lagerplätzen unter einlagerungstechnischen Gesichtspunkten)

4) *Bereitstellungszone*: Bereich eines Lagers, der der (kurzfristigen) Zwischenlagerung von Ware nach Entladung und/oder vor dem Beladen dient

5) *Tor*: Ein Lager kann ein oder mehrere Tore zur An- und/oder Auslieferung haben. Tore und Bereitstellungszonen können im Lieferungskopf automatisch oder manuell festgelegt werden. Die folgende Abbildung zeigt einen Überblick über die Organisationseinheiten.

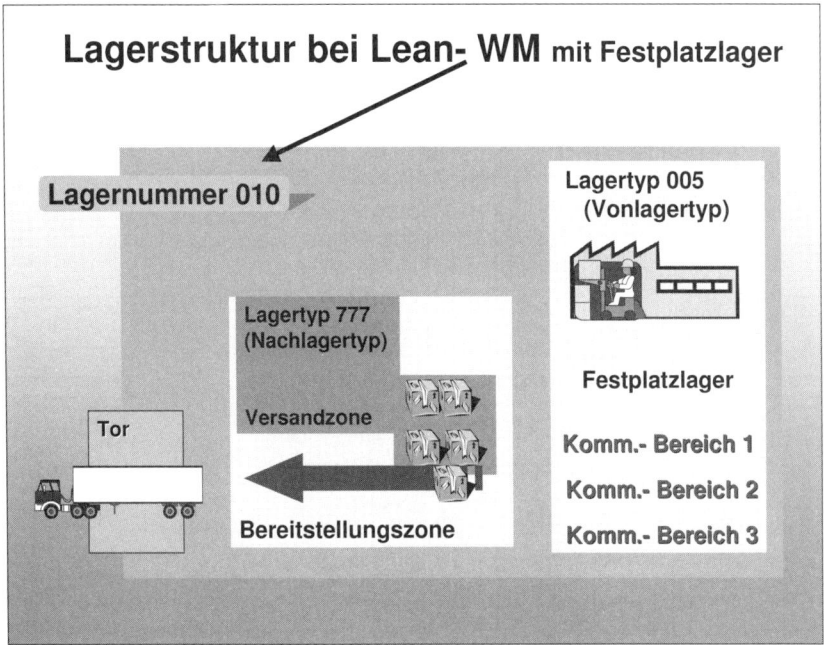

Abbildung 84

Schritte der Lean-WM-Kommissionierung:

1) Nach Eröffnung der Lieferung erfolgt die Anlage eines oder mehrerer *Transportaufträge*. Der Transportauftrag ist ein interner Beleg, in dem die Bewegungen innerhalb eines Lagerkomplexes in Gang gesetzt und kontrolliert werden.
2) Der Transportauftrag wird automatisch als Kommissionierliste gedruckt (oder der Druck wird manuell erzeugt; die Daten können an dieser Stelle auch an ein Fremdsystem mit mobiler Datenerfassung (MDE) oder einen Lagersteuerrechner (LSR) übertragen werden
3) Der Transportauftrag muss quittiert werden, um die dem Lager tatsächlich entnommenen Mengen zu bestätigen. Auch von der gewünschten Liefermenge abweichende Mengen können zurückgemeldet werden. Die „Quittierungspflicht" kann deaktiviert werden. Die tatsächlich dem Lager entnommenen Mengen werden dann über die Eingabe einer Pickmenge gemeldet.

4) Wenn alle Lieferpositionen vollständig sind kann der Warenausgang gebucht werden. Stimmen Liefermengen und kommissionierte Mengen nicht überein, muss eine Differenzbearbeitung erfolgen derart, dass.....
...eine Teilauslieferung erfolgt
...auf dem Wege eines erneuten Transportauftrages die Differenzmenge nachgeliefert wird
Der Sachverhalt wird nochmals durch folgende Abbildung verdeutlicht:

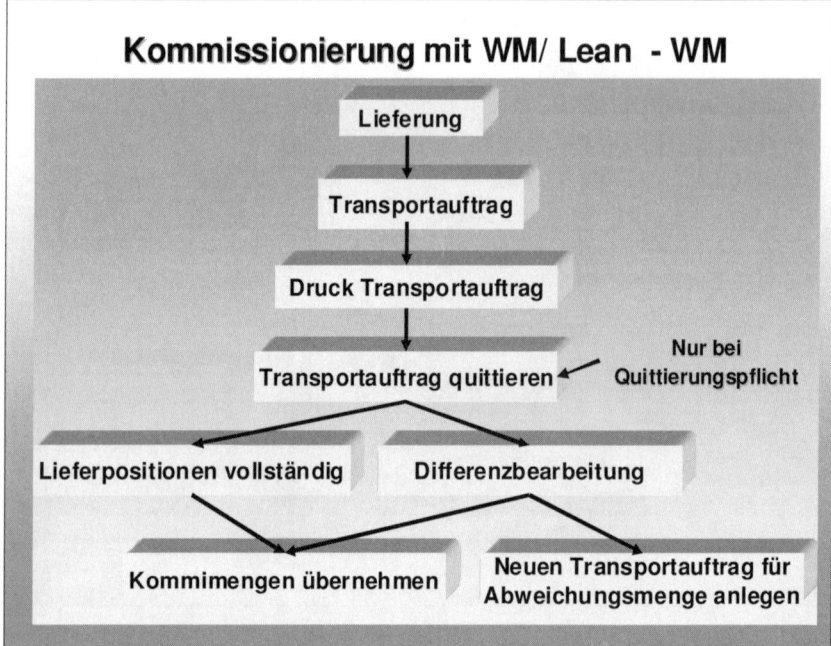

Abbildung 85

3.21.10 Erstellungsformen

Es gibt nun verschiedene Wege, eine Lieferung im System anzulegen:
- ❶ Erstellen einer einzelnen Lieferung mit Bezug auf einen fälligen Auftrag
- ❷ Erstellen mehrerer Lieferungen für einen sogenannten Liefervorrat, der von fälligen Auftragspositionen gebildet wird (Regelfall)
- ❸ Erstellen einer unabhängigen Lieferung ohne Bezug auf einen Auftrag

Anlegen einer Lieferung ohne Bezug

Die Lieferung wird hier erstellt, ohne sich auf einen Vorgängerbeleg zu beziehen. Wichtige Daten werden aus den Stammsätzen übernommen:
- aus dem Kundenstammsatz die Daten zum Warenempfänger
- aus dem Materialstammsatz die Daten zu den Lieferpositionen

Selbstverständlich können die gezogenen Daten aus den Stammsätzen auf verschiedenen Bildschirmbildern nachträglich ergänzt oder geändert werden.

Lieferung mit Belegbezug

Hier erstellen Sie die Lieferung zu einem Auftrag oder einem Rahmenvertrag. Die Daten werden aus dem Auftragsbeleg in die Lieferung eingelesen. Die folgende Grafik verdeutlicht dies:

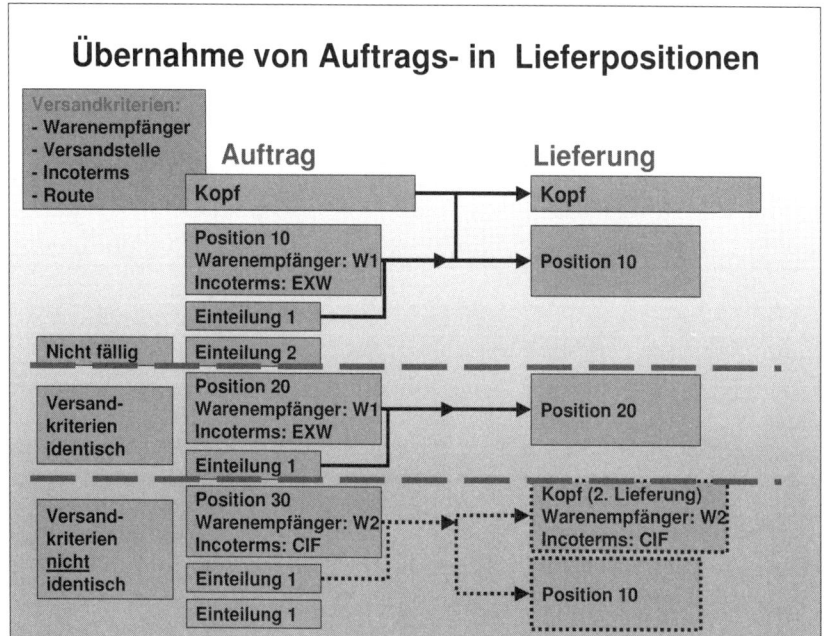

Abbildung 86

Nur die fälligen und in den Versandkriterien übereinstimmenden Auftragspositionen werden beliefert. Die Versandkriterien sind z.B. der Warenempfänger, die Versandstelle, die Incoterms oder die Route. Existieren zu einer Position mehrere Einteilungen (Teillieferungen), werden sinnvollerweise nur die fälligen Einteilungen übernommen.

Raum für Ihre Notizen:

3.22 Fallstudie 11: Lieferung anlegen

Aufgabe: Nachdem die Fertigung des Komplett PCXX abgeschlossen wurde, kann nun diese Ware inclusive der Handelsware Drucker ausgeliefert und zum Kunden transportiert werden. Bei der Auslieferung wird davon ausgegangen, dass sich die Materialien immer am gleichen Lagerplatz (Festlagerplatz) befinden. Der Versand kann somit über Lean-WM abgewickelt werden.

Ermitteln Sie zunächst aus dem Kundenauftrag, welche Versandstelle für die Auslieferung zuständig sein soll. Wählen Sie hierzu folgenden Menüpfad:

Logistik ⇨ Vertrieb ⇨ Verkauf ⇨ Auftrag ⇨ Anzeigen (va03):

Geben Sie im Feld *Auftrag* die Belegnummer des Kundenauftrages (s. Fallstudie 7 bzw. Ihre Belegübersicht) ein und drücken Sie die Enter-Taste. Sie gelangen in das Bild *Terminauftrag anzeigen: Übersicht.* Drücken Sie den Button (Karteikarte) *Versand.* Notieren Sie den Schlüssel der Versandstelle aus der gleichnamigen Spalte. (z.b. 1000 Versandstelle Hamburg). Notieren Sie bitte auch das längste (d.h. späteste) *Bereitstellungsdatum* aller Positionen. I.d.R. ist es das Bereitstellungsdatum der Position PCXX. Verlassen Sie die Auftragsbearbeitung.

Wählen Sie nun folgenden *Menüweg,* um eine Lieferung für diesen Auftrag bzw. für die eben ermittelte Versandstelle anzulegen:

Logistik ⇨ Vertrieb ⇨ Versand und Transport ⇨ Auslieferung ⇨ Anlegen ⇨ Einzelbeleg ⇨ Mit Bezug auf Kundenauftrag (VL01N)

Sie gelangen auf das Einstiegsbild der Lieferungserstellung. Geben Sie die zuständige *Versandstelle* (z.B. 1000 = Hamburg) an (sofern kein automatischer Eintrag erfolgt ist).

Geben Sie das *Selektionsdatum* (mindestens das eben notierte *Bereitstellungsdatum;* da die Lieferung fällig sein muss) an.

Achtung: Es können nur die Einteilungen des Kundenauftrages beliefert werden, deren Materialbereitstellungsdatum oder Transportdispositionsdatum mit dem Selektionsdatum (im Standard = Tagesdatum) übereinstimmen oder in der Zukunft liegen. Ist dies nicht der Fall erscheint folgende Meldung in der Statusleiste: „Es konnten keine Lieferpositionen erstellt werden".

Fallstudie 11: Lieferung anlegen

Geben Sie nun im Bild *Auslieferung mit Auftragsbezug anlegen* außerdem die *Belegnummer* (s. Belegübersicht) des zu beliefernden Kundenauftrags ein (sofern sie nicht schon vom System vorgeschlagen wird).
Drücken Sie *ENTER*. Sie gelangen auf das *Bild Lieferung anlegen: Übersicht – Mengen*. Die Daten wurden aus dem zugrundeliegenden Auftrag in die Lieferung eingelesen („referiert"). Die Auftragsmenge wird nach erfolgreicher Verfügbarkeitsprüfung als Liefermenge in die Lieferung übernommen.
Falls für eine Einteilung Probleme auftreten, erhalten Sie einen Hinweis auf ein *Fehlerprotokoll*.
Wählen Sie dann den Karteikartenreiter *Kommissionierung*. Ohne eine erfolgte Kommissionierung kann kein Warenausgang gebucht werden. Die sogenannte *kommissionierte Menge* muss bei allen Positionen noch auf der Menge 0 stehen. Die kommissionierte Menge entspricht der tatsächlich dem Lager entnommenen Menge.
In der Spalte *Kommissionierung* (stark verdeckt) muss für die Position Komplett-PC und Drucker ein A (= noch zu kommissionieren) stehen.
In der Spalte *WM-Status* muss für die Position Komplett-PC und Drucker ebenfalls ein A (= noch nicht bearbeitet) stehen. Die Spalten sind leider etwas verdeckt.
Sichern Sie die Lieferung. Sie erhalten einen Hinweis mit der Lieferungsnummer (800xxxxx), die Sie bitte in der Belegübersicht notieren!

Gehen Sie über *Auslieferung* ⇨ *Ändern* (+Enter) wieder in den Lieferungsbeleg.
Springen Sie in das Nachrichtenbild der Lieferung. Wählen Sie hierzu: *Zusätze* ⇨ *Liefernachrichten* ⇨ *Kopf*. Überprüfen Sie, ob die Nachrichtenart Lieferschein erzeugt wurde. Gehen Sie dann mit Hilfe des Buttons ⬅ eine Maske zurück und drücken Sie den Karteikartenreiter *Positionsübersicht* .
Wählen Sie von hier aus den *Menüpfad Folgefunktionen* ⇨ *Transportauftrag anlegen* . Bestätigen Sie das nachfolgende Fenster mit *Ja*. Sie gelangen in das Bild *Anlegen Transportauftrag Einstieg*. Geben Sie hier folgende Daten ein:

Lagernummer:	*010 (Lager (Lean) Hamburg)*
Werk:	*1000*
Lieferung	*Nummer des Lieferbeleges eingeben (sofern er nicht schon vom System vorgeschlagen wurde)*

In der Feldgruppe Steuerung:
Ablauf:	*systemgesteuert*
Kommimenge übernehmen:	*1 (= Kommimenge als Liefermenge übernehmen)*

Drücken Sie die Enter-Taste.
Im folgenden Bild werden die zu kommissionierenden Positionen vorgeschlagen.

Fallstudie 11: Lieferung anlegen

Sichern Sie anschließend den Transportauftrag und notieren Sie sich die Belegnummer in der Belegübersicht.

Gehen Sie über *Auslieferung* ⇨ *Ändern* ⇨*Einzelbeleg (VL02N)* wieder in den Lieferungsbeleg. Wählen Sie dann den Karteikartenreiter *Kommissionierung*.
In der Spalte *Kommissionierstatus* muss für die Position Komplett-PC und Drucker nun C (= vollständig bearbeitet) stehen.
In der Spalte *WM-Status* muss für die Position Komplett-PC und Drucker ebenfalls nun C (= vollständig bearbeitet) stehen. Die beiden Spalten sind leider etwas verdeckt.

Die kommissionierten Mengen entsprechen nun den zu liefernden Mengen!

Wählen Sie nun das Menü *Umfeld* ⇨ *Belegfluss*. Sie erhalten eine Übersicht über die Belege, die mit der Lieferung im Zusammenhang stehen. Gehen Sie mit Hilfe des Buttons ⇐ zurück auf das Bild *Übersicht Kommissionierung*.

Drücken Sie hier abschließend den Button *Warenausgang buchen*. Die Lieferung ist somit aus Sicht der Versandstelle abgeschlossen.
Gehen Sie über *Auslieferung* ⇨ *Ändern* wieder in den Lieferungsbeleg. Wählen Sie dann den Menüpunkt *Umfeld* ⇨ *Belegfluss*.

Die erledigten Schritte der Auslieferung werden nun vollständig angezeigt:

Verlassen Sie den Auslieferungsbeleg. Lassen Sie sich nun den *Lieferschein* am Bildschirm anzeigen.
Wählen Sie hierzu im Bild *Auslieferung ändern* den Menübefehl: *Auslieferung* ⇨ *Liefernachrichten ausgeben*. Drücken Sie dann den Button *Druckansicht*. Der Lieferschein wird als Druckvorausschau angezeigt.

Raum für Ihre Notizen:

3.23 Hintergrundwissen Fallstudie 12
Rechnung anlegen/ Rechnungsausgleich

Inhalt:

3.23.1   Fakturaarten 192
3.23.2   Erstellungsformen 194
3.23.3   Abrechnungsformen 195

Raum für Ihre Notizen 198

3.23.1 Fakturaarten

Nach der Auftragserfassung, Lieferbearbeitung und dem Buchen des Warenausganges kann die Rechnungstellung (Fakturierung) erfolgen. Die entsprechenden Fakturabelege werden auf der Basis (Referenz) der Verkaufs- und Versandbelege erstellt. Während die Rechnungserstellung innerhalb der Vertriebsabteilungen erfolgt, wird mit dem Abspeichern des Fakturabeleges die der Rechnung zugrunde liegende Buchung an die Finanzbuchhaltung übergeben. Mit dem Erstellen der Faktura gilt der Vorgang aus Vertriebssicht als beendet. Die SD Komponente Fakturierung umfasst folgende Funktionen:

⇨ Erzeugung von *Rechnungen* aufgrund Lieferungen und Leistungen

⇨ Erzeugung von *Gut- und Lastschriften* aufgrund der entsprechenden Anforderungen aus dem Verkauf

⇨ Erzeugung von *Proformarechnungen*

(Diese sind beim Export von Bedeutung; über Proformarechnungen können Importeure und/oder zuständige Behörden des Einfuhrlandes über die Einzelheiten der zu erwartenden Sendung unterrichtet werden. Es findet keine Weiterleitung diese Beleges an die Finanzbuchhaltung statt)

⇨ *Stornierung* der Fakturavorgänge

⇨ *Übergabe* des Buchungsstoffes an die Finanzbuchhaltung

Die eben aufgeführten Funktionen werden in entsprechenden Faktura- bzw. Buchhaltungsbelegen hinterlegt.

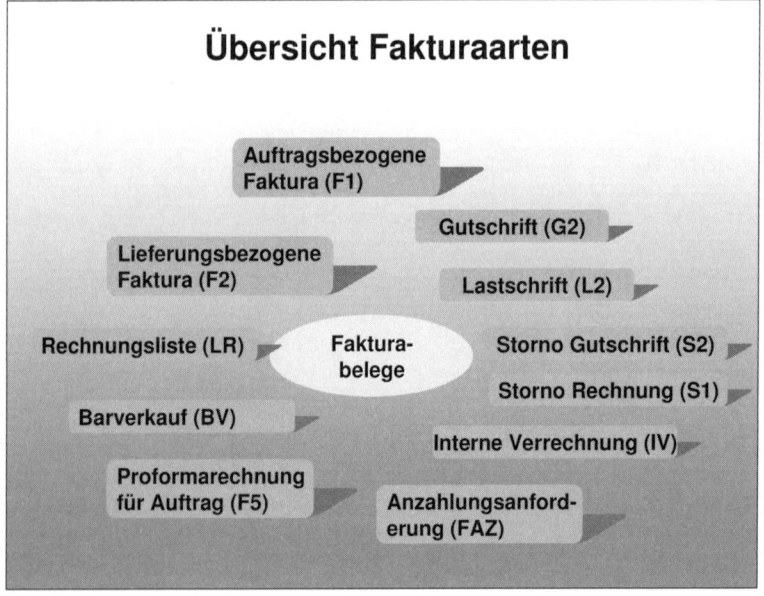

Abbildung 87

Innerhalb der eben aufgeführten *Fakturabelegarten* wird die weitere Bearbeitung festgelegt. Über die *Positionstypen* der einzelnen Fakturapositionen erfolgt ähnlich wie bei den Auftrags- bzw. Versandbelegen eine differenzierte Steuerung der weiteren Verarbeitung des Beleges. Abhängig von der gewählten Fakturaart können folgende Merkmale separat gesteuert werden:

Abbildung 88

Wichtige grundsätzliche Regelungen, die die Fakturierung betreffen, werden bereits im Kundenstammsatz festgelegt, wie etwa die Lieferungs- und Zahlungsbedingungen, Rechnungstermine, die Zulässigkeit von Sammelrechnungen usw..

Des weiteren ist natürlich die Veränderung der bereits vorhandenen Fakturaarten möglich. Für jede Fakturaart sind bestimmte Festlegungen zutreffen. (siehe hierzu auch obige Abbildung):

1) Festlegung des *Nummernkreises* für die Fakturaart
2) Zulässigkeit bestimmter *Partnerrollen* auf *Kopf- und Positionsebene*
3) Festlegung, ob automatisch beim Abspeichern des Fakturabeleges eine Überleitung der Buchung an die Finanzbuchhaltung erfolgen soll, oder ob zunächst der Beleg gesperrt sein soll, bis er durch die entsprechenden Stellen freigegeben wird.

4) Festlegung der *Konten,* die durch die Rechnungserstellung angesprochen werden, durch Zuordnung eines entsprechenden *Kontenfindungsschemas* im Customzing
5) Festlegung der erlaubten Nachrichten für eine Fakturaart.

Die einzelnen Positionen der Rechnung weisen jeweils einen bestimmten *Positionstyp* auf, der in der Regel aus dem zugrunde liegenden Auftrag übernommen (referiert) wird. So führt beispielsweise der Positionstyp *TANN* aus der Auftragsart Terminauftrag dazu, dass eine Auftragsposition wertmäßig nicht fakturiert wird (= kostenlose Position).

3.23.2 Erstellungsformen

Bei der Rechnungserstellung gibt es unterschiedliche *systeminterne Erstellungsformen*:

1) Der Anwender erstellt durch eine explizite Angabe *manuell* einzelne Rechnungen für eine oder mehrere Lieferungen
2) Es erfolgt eine *Sammelbearbeitung* bestimmter, zu einem Zeitpunkt abrechnungsfähiger Fakturen über den sogenannten *Fakturavorrat*
3) Es erfolgt eine Fakturierung zu bestimmten Terminen (z.B. jeweils zum Monatsende).

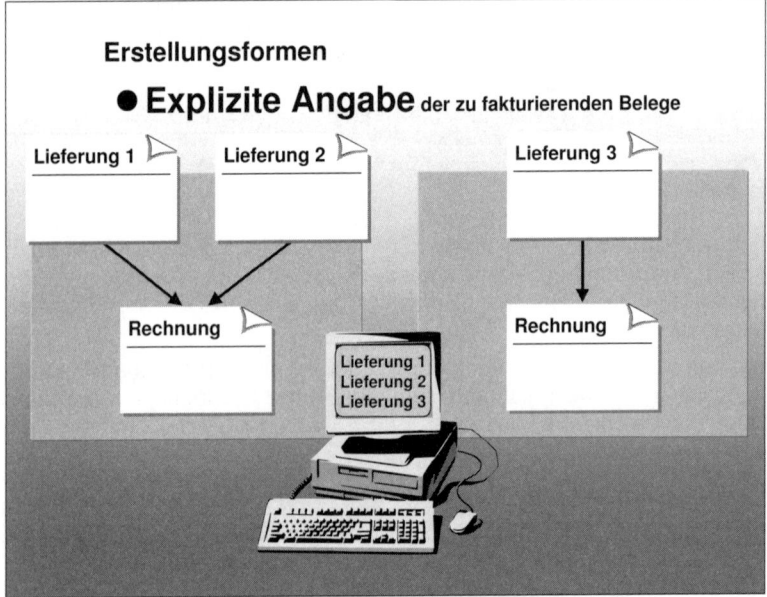

Abbildung 89

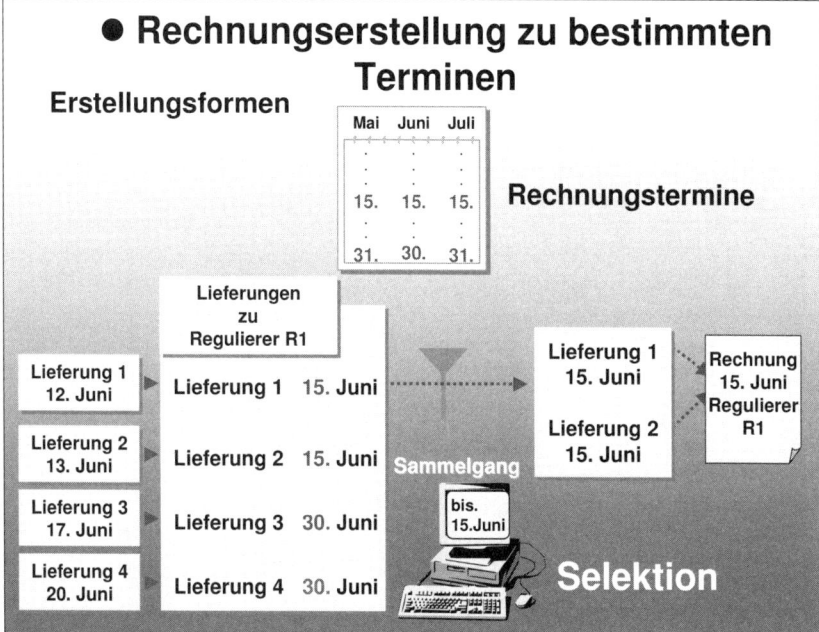

Abbildung 90

3.23.3 Abrechnungsformen

Neben den verschiedenen Erstellungsformen kann man unterschiedliche *Arten der Abrechnung* unterscheiden. Dies sei durch die folgenden Abbildungen verdeutlicht:

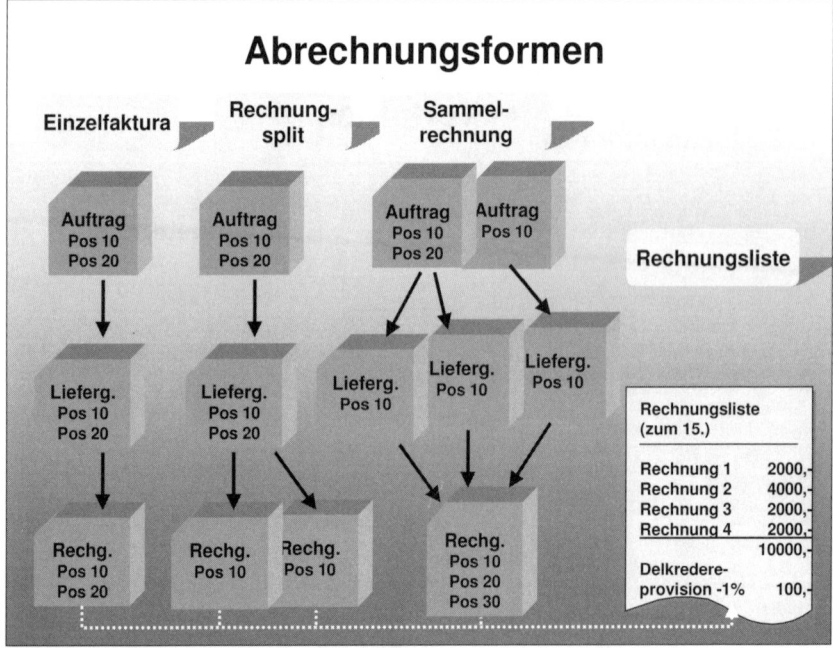

Abbildung 91

1) Aus einem Auftrag wird eine Lieferung abgeleitet. Diese Lieferung wird durch eine eigene Rechnung fakturiert (*Einzelfaktura*).

2) Verschiedene Lieferpositionen/-mengen einer Lieferung werden durch separate einzelne Rechnungen abgerechnet (*Rechnungssplit*).

3) Verschiedene Lieferungen aus einem oder mehreren Aufträgen werden zusammengefasst in einer *Sammelrechnung*.

4) Abrechnung durch eine listenmäßige Aufzählung aller fakturierten Rechnungen (*Rechnungsliste, siehe hierzu auch die folgende Abbildung*):

Hintergrundwissen zu Fallstudie 12: Rechnung anlegen, Rechnungsausgleich

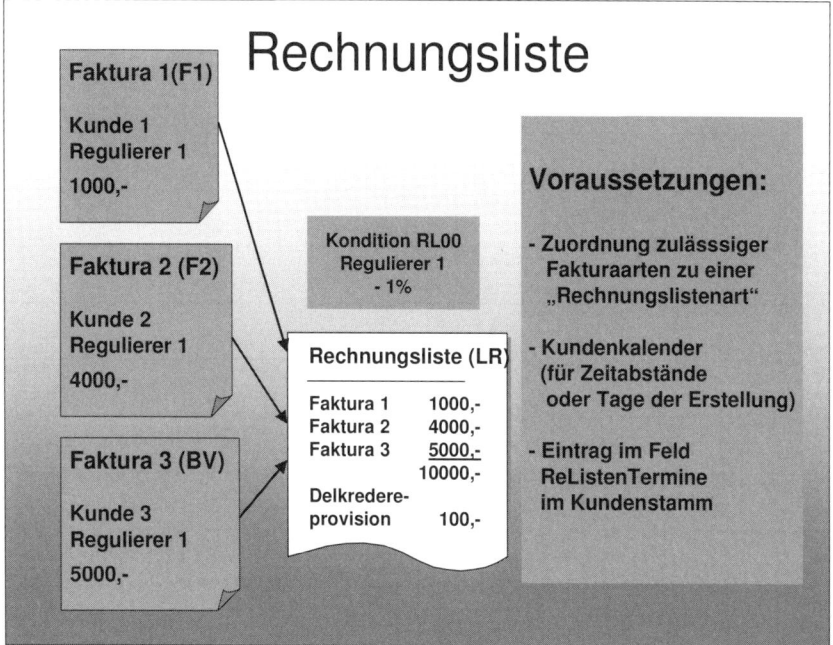

Abbildung 92

Grundsätzlich werden die Positionen einer Lieferung zu einer Rechnung zusammengefasst. Hierzu müssen zumindest die Kopfdaten (z.B. Zahlungsbedingungen, Auftraggeber, Regulierer und Rechnungsempfänger) übereinstimmen.
Es hängt von der Fakturaart und dem Positionstyp ab, ob Sammelrechnungen oder ein Rechnungssplit erlaubt sind. Die Einstellungen hierfür werden wiederum im Customizing getätigt.

Raum für Ihre Notizen:

3.24 Fallstudie 12: Rechnung anlegen/ Rechnungsausgleich

Aufgabe: Nachdem die Ware das Werk verlassen hat, soll die Rechnung (Faktura) erstellt und zum Kunden geschickt werden:

Wählen Sie folgenden *Menüweg*, um eine einzelne Faktura anzulegen:
Logistik ⇨ *Vertrieb* ⇨ *Fakturierung* ⇨ *Faktura* ⇨ *Anlegen (VF01)*.
Sofern nicht schon vom System vorgeschlagen, geben Sie die Nummer des zu fakturierenden *(Lieferungs-)beleges* ein. Drücken Sie anschließend den Button *Ausführen* ⊕. Die Positionen des Lieferungsbeleges werden nun verarbeitet und in den Rechnungsbeleg kopiert (= referiert).

Sie gelangen auf das *Bild Rechnung (Fakturaart) anlegen: Übersicht – Fakturapositionen*. Markieren Sie die erste Rechnungsposition und drücken Sie den Button *Details zu Positionen anzeigen* 🔍. Schauen Sie sich die Einzelheiten der Faktura in Ruhe an. Mit dem grünen Pfeil gelangen Sie wieder auf das *Bild Rechnung anlegen: Übersicht – Fakturapositionen*.

Speichern Sie dann die Faktura und *notieren Sie sich die Belegnummer in der Belegübersicht!*

Ist das System richtig eingestellt, wird nun automatisch ein Buchhaltungsbeleg erzeugt und an die Finanzbuchhaltung übertragen. Um sich diesen Beleg anzeigen zu lassen, wählen Sie nun den Menüpfad *Faktura* ⇨ *Ändern (VF02)*.

Durch Aktivieren des Buttons *Rechnungswesen* lässt sich der entsprechende Buchhaltungssatz auswählen. Im Fenster *Liste der Belege im Rechnungswesen* machen Sie bitte einen *Doppelklick* auf den Eintrag *Buchhaltungsbeleg*. Der zur Faktura gehörende Buchungssatz wird angezeigt.

Notieren Sie sich die Nummer des Buchhaltungsbeleges in der Belegübersicht.

Brechen Sie die Beleganzeige durch zweimaliges Drücken des *Abbrechen* ✖ Buttons ab. Im Bild *Faktura ändern* wählen Sie bitte das Menü *Umfeld* ⇨ *Belegfluss anzeigen*. Sie erhalten eine Übersicht über den gesamten Geschäftsprozess. Gehen Sie mit dem grünen Pfeil zurück bis auf die Maske *Faktura Rechnung Ändern Übersicht – Fakturapositionen*.
Wählen Sie von hier aus den Button *Preiskonditionen Kopf* (alternativ können Sie auch den Menüpfad *Springen* ⇨ *Kopf* ⇨ *Preiskonditionen Kopf* wählen).

Schauen Sie sich die einzelnen Preisbestandteile (= Konditionsarten) der Rechnung an.
Notieren Sie sich den Endbetrag (incl. Mehrwertsteuer) der Rechnung hier und in der Belegübersicht.

Brechen Sie die Konditionendarstellung mit dem grünen Pfeil ab. Lassen Sie sich nun die *Rechung* am Bildschirm anzeigen. Wählen Sie hierzu im Bild *Faktura ändern* den Menübefehl:

Faktura ⇨ Ausgeben. Die Rechnung wird angezeigt. Schauen Sie sich das Rechnungsformular genau an. Verlassen Sie dann die Bildschirmdarstellung. Gehen Sie zurück bis auf die Easy Access Menüebene.

Nachdem unser Kunde die Rechnung erhalten hat, hat er den gesamten Rechnungsbetrag per Banküberweisung beglichen: Wählen Sie folgenden *Menüweg*, um die Kundenzahlung im R/3 System darzustellen:

Rechnungswesen ⇨ Finanzwesen ⇨ Debitoren ⇨ Buchung ⇨ Zahlungseingang schnell (F-26).

Sie gelangen in die Maske:

Maske	Feld	Inhalt
Schnellerfassung Zahlungseingang: Kopfdaten	Buchungskreis Belegart Buchungsdatum Bankkonto Währung Belegdatum	1000 DZ (= Debitorenzahlung) (Tagesdatum) 113100 Bank Inland EUR (Tagesdatum) Drücken Sie dann den *Button Zahlungen erfassen*
Schnellerfassung Zahlungseingang:	Debitor Betrag Valutadatum Beleg/ Referenz	KXX (Rechnungsendbetrag aus Fallstudie Faktura anlegen, s. Belegübersicht) (Tagesdatum) (Belegnummer des Buchhaltungsbeleges, s. Belegübersicht; alternativ Feld freilassen) Drücken Sie die Enter – Taste. Es erfolgt die Zuordnung des eingegebenen Rechnungsbetrages zu den bestehenden Offenen Posten. Sie gelangen in die folgende Maske:

Fallstudie 12: Rechnung anlegen, Rechnungsausgleich

Offene Posten bearbeiten	Machen Sie einen *Doppelklick* auf den passenden Betrag im oberen Teil der Liste (Feld EUR Brutto). Falls der Rechnungsbetrag mit dem Offenen Posten übereinstimmt, lautet hier der nicht zugeordnete Betrag 0,00 Euro!

Buchen Sie den Zahlungseingang, indem Sie den Button *Speichern* drücken. Notieren Sie sich die vom System zugewiesene Belegnummer für diesen Vorgang:

_____

Um sich diesen Beleg anzeigen zu lassen, wählen Sie nun den Menüpfad *Beleg ⇨ Anzeigen*. Geben Sie die Nummer des Buchhaltungsbeleges ein und drücken Sie die Enter-Taste. Schauen Sie sich den gesamten *Belegfluss* im *Auftragsbeleg* noch einmal an.

Herzlichen Glückwunsch!

Damit haben Sie den gesamten Geschäftsprozess von *der Anlage der Stammdaten, über den Verkauf; den Einkauf, die Produktion und den Versand bis zur Fakturierung und Kundenzahlung* im R/3 System dargestellt. Folgende Abbildung zeigt abschließend nochmals eine Übersicht über alle Fallstudien:

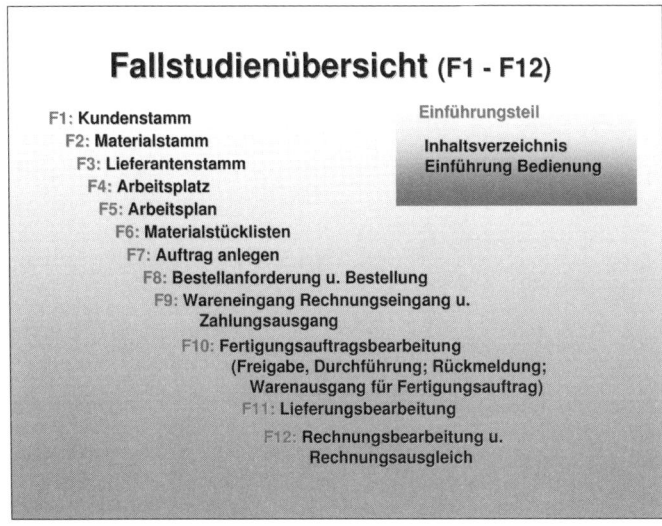

Raum für Ihre Notizen:

Zusammenfassung der Fallstudien 7-12
Kurzfassung zur wiederholten Erstellung der Fallstudien

Fallstudie	Vorgehensweise
Vorarbeiten: **Bestände Teile buchen** Buch S.57	Wählen Sie hierzu folgenden Menüpfad: *Logistik ⇨ Materialwirtschaft ⇨ Bestandsführung ⇨ Warenbewegung ⇨ Wareneingang ⇨ Sonstige (MB1C):* Geben Sie in der Feldgruppe Vorschlag für Belegpositionen folgende Werte ein: Bewegungsart: 501 Werk: 1000 Lagerort: 0001 Drücken Sie *ENTER* oder betätigen Sie den Button ☑. Sie gelangen in die Maske: *Sonst. Wareneingänge erfassen: Neue Positionen.* Geben Sie Ihre Materialstammsätze ein (bitte *ohne* das Fertigerzeugnis *PCXX*; denn dieses soll ja im Folgenden erst noch produziert werden und *ohne* den Drucker *DRXX*, denn dieser soll später über den Einkauf beschafft werden). 1) Monitor MOXX 2) Tastatur TAXX 3) BR- Brenner BRXX 4) Zentraleinheit ZEXX 5) Midi-Gehäuse GHXX 6) Maus MSXX Buchen Sie für alle übrigen Materialien einen Anfangsbestand von *200 Stück*. (*Sichern* Sie Ihre Bestandsbuchung mit dem Button *Buchen*. 💾)
Fallstudie 7 **Kundenauftrag anlegen** Buch S.132ff.	*Aufgabe:* Der Großkunde KXX bestellt nun 100 Komplett-PC (Materialnummer PCXX) + 100 Drucker (DRXX). Die Lieferung soll möglichst schnell erfolgen. Erstellen Sie bitte im R/3 System einen entsprechenden *Auftrag*. Falls Ihre Voreinstellungen in den Stammdaten stimmen, prüft das System, ob und wie schnell der PC gefertigt werden kann. Beim Sichern des Kundenauftrages wird automatisch ein (Plan-) Fertigungsauftrag erzeugt. Für den Drucker, der bestandsmäßig nicht auf Lager liegt, soll automatisch eine Bestellanforderung an den Einkauf erzeugt werden, um den Drucker schnellstmöglich bei dem in Fallstudie 3 angelegten Lieferanten zu beschaffen. Wählen Sie nun bitte folgenden Menüpfad: *Logistik ⇨ Vertrieb ⇨ Verkauf ⇨ Auftrag ⇨ Anlegen (/nVA01):* Geben Sie ein: ⇨ **Auftragsart:** TA (= Terminauftrag) ⇨ **Verkaufsorganisation:** 1000 ⇨ **Vertriebsweg:** 12 ⇨ **Sparte:** 00 Drücken Sie die Enter-Taste. Sie gelangen in die Maske *Terminauf-*

Zusammenfassung der Fallstudien

trag anlegen Übersicht – Verkauf. Pflegen Sie nun folgende Felder.

Hinweis: Bitte weichen Sie von den Vorlagedaten nicht ab!

Maske	Feld	Inhalt
Terminauftrag anlegen: Übersicht- Verkauf	Auftraggeber Bestellnummer Bestelldatum Material Auftragsmenge	KXX 123 Tagesdatum PCXX DRXX jeweils 100 Stück Drücken Sie die Enter-Taste. Das System prüft im Hintergrund einen möglichen Fertigungsauftrag für das Material PCXX und terminiert die eingegeben Materialien. Diese endet mit folgenden Hinweis in der Statuszeile Terminierung ausgeführt

Das System verzweigt in die Maske *Terminauftrag Verfügbarkeitskontrolle*. Drücken Sie hier bitte den Button *Vollständige Lieferung*. Gehen Sie zurück in das Übersichtsbild.

Sichern 🖫 Sie bitte abschließend den Auftrag. *Notieren Sie sich die Belegnummer*. Wahlen Sie dann: Auftrag ändern.

Sie gelangen in das Bild *Auftrag ändern: Übersicht*. Drücken Sie die *Enter*-Taste. Sie gelangen auf das Bild: *Terminauftrag ändern*. Markieren Sie die Position *PCXX* und drücken Sie den Button *Einteilungen zur Position* 🔳 (hierzu bitte etwas nach unten scrollen; alternativ können Sie einen Doppelklick auf die Materialposition machen).

Im Bild *Positionsdaten* markieren Sie bitte die Zeile mit der *bestätigten Menge* (= vom System berechneter Liefertermin) und drücken dann den Button *Einteilung Detail* 🔳. Drücken Sie den Button *Beschaffung* und hier können Sie in der Feldgruppe *Montage/ Prozeß* die vom System vergebene Nummer für den *Planfertigungsauftrag* (Bitte Nummer notieren!) einsehen.

Fallstudie 8

Bestellung anlegen

Buch S.147ff.

Bestellung ⇨ *Anlegen* ⇨ *Über Banf-ZuordListe (ME58):*

Sie gelangen auf das Bild *Zugeordnete Bestellanforderung bestellen*. Geben Sie hier ein:

- Einkäufergruppe: 000
- Einkaufsorganisation: 1000
- Lieferant: (Ihre Lieferantennummer)
- Werk: 1000

(bitte die übrigen Felder unverändert lassen)

Drücken Sie hier den *Ausführen* – Button 🔳. Sie gelangen auf das Bild *Bestellen zugeordnete Banf's: Übersicht der Zuordnungen*. Markieren Sie die (weiße) Zeile, unter der Ihr Lieferant aufgeführt ist, und drücken Sie den Button *Zuordnung bearbeiten*. Das *Fenster Bearbeiten Zuordnung: Bestellung anlegen* bestätigen Sie bitte mit der Enter-Taste. Sie gelangen in das Bild *Bestellung anlegen*. Markieren

Zusammenfassung der Fallstudien

	Sie die Banf-Nr., welche auf der linken Bildschirmseite unter Belegübersicht aufgeführt ist und drücken Sie den Button *Übernehmen*. Die Banf-Daten werden daraufhin in die Bestellung übernommen. Über den Button Druckansicht ![Druckansicht] können Sie sich die erzeugte Bestellung im Drucklayout anschauen. *Sichern* Sie Ihre Bestellung! *Notieren Sie sich die Nummer des Bestellbelegs (s. Statuszeile)*
Fallstudie 9 Wareneingang/ Rechnungseingang/ Zahlungsausgang buchen Buch S.156ff.	*Logistik* ⇨ *Materialwirtschaft* ⇨ *Bestandsführung* ⇨ *Warenbewegung* ⇨ *Wareneingang* ⇨ *Zur Bestellung* ⇨ *Bestell-Nr. bekannt (MIGO):* Geben Sie in den Feldern... ⇨ *WE Wareneingang*: *101* (Wareneingang zur Bestellung in das Lager meist bereits schon eingetragen) ⇨ *Bestellung:* (Belegnummer Ihrer Bestellung aus Fallstudie 8 eintragen) 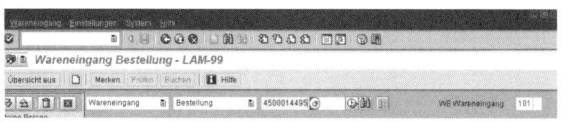 ...ein und drücken Sie den *Enter* – Button. Setzen Sie im unteren Teil der Maske (im Karteikartenreiter *Wo*) das *Werk (=1000)* und den Lagerort *(=0001);* sofern nicht schon eingetragen. Setzen Sie im *Kontrollkästchen Position OK* einen Hacken, damit die Position in den Eingangsbeleg übernommen wird und gebucht werden kann. Kontrollieren Sie, ob im Karteikartenreiter die Menge 100 steht. Geben Sie noch im Belegkopf eine beliebige Nummer im Feld **Lieferschein** ein (nur bei Release ECC 5.0) und drücken Sie nun den Button *Buchen*. Anschließend soll der *Rechnungseingang* verbucht werden. Wählen Sie hierzu folgenden Easy Access Menüpfad: *Logistik* ⇨ *Materialwirtschaft* ⇨ **Logistik-Rechnungsprüfung** ⇨ **Beleg-erfassung** ⇨ **Eingangsrechnung hinzufügen (Transaktion: MIRO)**. Sie gelangen in das Bild *Eingangsrechnung hinzufügen: Buchungskreis 1000*. Geben Sie hier folgende Daten ein: ⇨ *Rechnungsdatum:* (=Tagesdatum) ⇨ *Buchungsdatum:* (Tagesdatum wird vorgeschlagen) ⇨ *Bestellung:* (Belegnummer Ihrer Bestellung; s.Fallstudie 8 „45xxxx"; im Feld rechts neben dem Feld *Bestellung/ Lieferplan* eingeben) ⇨ *Betrag:* Effektivpreis der Bestellung + 19% VST. Markieren Sie das Kontrollfeld *Steuer rechnen* ⇨ *Steuerbetrag:* (freilassen!) Bitte dann Enter-Taste drücken. (Ein eventueller Hinweis auf geänderte Zahlungsbedingungen in der Statuszeile bitte mit Enter übergehen) Drücken Sie den Button *Simulieren*. Sie gelangen in das Bild *Beleg simulieren in Euro*. Achten Sie darauf, dass der *Saldo 0,00 Euro* betragen muss, damit der Rechnungseingang verbucht werden kann.

Buchen Sie nun die Rechnung, indem Sie den *Buchen*-Button drücken.

Da eine *Zahlungssperre* wegen Terminabweichung, Betragshöhe oder stochastischer Prüfung erfolgen kann, muß die Rechnung noch *zur Zahlung freigegeben* werden. Wählen Sie hierzu folgenden Menüpfad:

Logistik ⇨ *Materialwirtschaft* ⇨ *Logistik-Rechnungsprüfung* ⇨ *Weiterverarbeitung* ⇨ *gesperrte Rechnungen freigeben (MRBR).*

Im Bild G*esperrte Rechnungen freigeben* geben Sie anschließend Ihre Lieferanten-(=Kreditoren)nummer (LXX) ein und drücken den Ausführen-Button.

Im Bild G*esperrte Rechnungen freigeben:* Markieren Sie das Feld *Sperrgrund Termin* drücken den Button Sperrgrund (löschen).
Drücken Sie danach den Button (*Änderungen-) Sichern.* Die Belegzeile verschwindet und in der Statuszeile erscheint die Meldung*: Es wurden x Rechnungen freigegeben.*
Wiederholen Sie den Vorgang bei eventuellen weiteren Sperrgründen.
Verlassen Sie das Bild durch Drücken des *Beenden* Buttons.

Zum Schluss soll die Rechnung noch durch die Buchhaltung bezahlt werden. Um den *Zahlungsausgang* durchzuführen, wählen Sie bitte folgenden Menüpfad:

Rechungswesen ⇨ **Finanzwesen** ⇨ **Kreditoren** ⇨ **Buchung** ⇨ **Zahlungsausgang** ⇨ **Buchen (F-53).**
Sie gelangen in das Bild *Zahlungsausgang buchen: Kopfdaten.* Geben Sie hier folgende Daten ein:

⇨ *Belegdatum:*	(Tagesdatum)
⇨ *Belegart:*	*KZ* (= Kreditoren Zahlung)
⇨ *Buchungskreis:*	*1000*
⇨ *Buchungsdatum:*	(Tagesdatum)
⇨ *Periode:*	(z.B. *05* für Mai)
⇨ *Währung:*	*EUR*
⇨ Bankdaten *Konto:*	*113100* (= Bank Inland)
⇨ *Betrag:*	(= Rechnungsbetrag incl. Steuer)

Feldgruppe Auswahl der Offenen Posten:
⇨ *Konto:*   *LXX*

Drücken Sie den Button *OP bearbeiten.* Sie gelangen in das Bild *Zahlungsausgang buchen: Offene Posten bearbeiten.* Achten Sie darauf, dass im Feld *Nicht zugeordnet* 0,00 Euro steht. Dies ist die Voraussetzung dafür, dass der Zahlungsausgang verbucht werden kann. Buchen Sie nun die Zahlung, indem Sie den *Sichern* (Buchen)-Button drücken.

Fallstudie 10

Fertigungsauftrag bearbeiten

Buch S.168ff.

1. Schritt:
Eröffnen Sie im Rahmen der *Fertigungssteuerung* den während der Kundenauftragserfassung erstellten (Plan-) Fertigungs-auftrag, um den Komplett Rechner PCXX zu montieren. Dieser muß zunächst neu terminiert werden. Es soll auch geprüft werden, ob alle benötigten Komponenten bereit stehen und zugleich eine Kapazitätsprüfung durchgeführt werden.
Wählen Sie bitte folgenden Easy Access Menüpfad:
Logistik ⇨ ***Produktion*** ⇨ ***Fertigungssteuerung*** ⇨ ***Auftrag*** ⇨ ***Ändern*** ⇨ ***(CO02):***
Sie gelangen auf das Bild *Fertigungsauftrag ändern: Einstieg*. Geben Sie hier folgende Daten ein:

⇨ *Auftrag:* (geben Sie hier die Belegnummer Ihres Fertigungsauftrages s. Fallstudie 7; 6000xxxx ein)
Drücken Sie die *Enter* – Taste.

2. Schritt:
Fertigungsauftragsfreigabe:
Wählen Sie im *Bild Fertigungsauftrag ändern: Kopf* folgenden Menüpfad: ***Funktionen*** ⇨ ***Freigeben*** (alternativ Button 🏴).
In der Statuszeile erhalten Sie die Mitteilung, daß der Auftrag freigegeben wurde. Sichern Sie den Auftrag und öffnen Sie dann wieder im Ändern-Modus den Beleg.

3. und 4. Schritt:
Drücken Sie den Button *Komponentenübersicht*. Markieren Sie eine Komponente und wählen Sie dann das Menü *Komponente* ⇨ *Komponentendetail* (Alternativ: Doppelklick auf erster Komponentenzeile). In der Datengruppe Komponente finden Sie das Feld *Reservierung*.

Notieren Sie sich die Reservierungsnummer!

Verlassen Sie die Fertigungsauftragsbearbeitung und gehen Sie wieder auf die SAP-Easy Access Menüebene. Wählen Sie von hier aus:
Logistik ⇨ ***Materialwirtschaft*** ⇨ ***Bestandsführung*** ⇨ ***Reservierung*** ⇨ ***Anzeigen(MB23):***
Geben Sie Ihre Reservierungsnummer ein und drücken Sie den Button *Übersicht*. Sie erhalten eine Reservierungsübersicht zum Fertigungsauftrag PC-Montage.
Gehen Sie wieder auf die oberste SAP-Menüebene (TA Code /nS000). Im folgenden wollen wir den *Warenausgang zu Fertigungszwecken* buchen. Wählen Sie hierzu:

Logistik ⇨ ***Materialwirtschaft*** ⇨ ***Bestandsführung*** ⇨ ***Warenbewegung*** ⇨ ***Warenausgang (/nMB1A):***

Geben Sie im Feld *Bewegungsart 261* (Verbrauch für Auftrag aus dem Lager) und im Feld *Lagerort 0001* und *Werk 1000* ein und drücken Sie den *Enter*– Button.
Sie gelangen in das Bild: *Warenausgang erfassen: Neue Positionen*. Geben Sie im Feld *Auftrag* Ihre Fertigungsauftragsnummer (6000xxxx) ein. Drücken Sie den Button *Zur Reservierung*.
Es erscheint das Fenster: *Vorlage Reservierung*. Geben Sie hier Ihre Reservierungsnummer ein. Drücken Sie anschließend den Button *Übernehmen* 🗔. Die reservierten Materialien werden eingelesen.

Überprüfen Sie sie auf Vollständigkeit und drücken Sie bitte dann den Sichern-(Buchen) Button. Der *Warenausgang für die Produktion* wird nun gebucht und Sie erhalten die entsprechende Belegnummer (4900xxxxx) in der Statuszeile mitgeteilt. Durch die Buchung wird die Reservierung gelöscht und der Bestand entsprechend reduziert.

5. Schritt: Fertigungsauftragsrückmeldung
Durch die Auftragsrückmeldung wird der Bearbeitungsstand des Fertigungsauftrags detailliert dokumentiert. Durch die Rückmeldung kann beispielsweise festgestellt werden,

- wieviel Ausschuß produziert wurde
- ob es Abweichungen zwischen Soll-/ Istmengen gibt

Die Rückmeldung kann prinzipiell zu einzelnen Vorgängen oder zu einem gesamten Auftrag erfolgen. Zur Durchführung der letztgenannten Möglichkeit wählen Sie bitte folgenden Menüpfad:

Logistik ⇨ ***Produktion*** ⇨ ***Fertigungssteuerung*** ⇨ ***Rückmeldung*** ⇨ ***Erfassen*** ⇨ ***Zum Auftrag (CO15)***
Sie gelangen auf das Bild *Rückmeldung zum Fertigungsauftrag erfassen: Einstieg*. Geben Sie dann die Belegnummer des Fertigungsauftrages (6er Nummernkreis) ein. Drücken Sie die *Enter*-Taste. Der Auftrag wird eingelesen.
Sie gelangen auf das Bild *Rückmeldung zum Fertigungsauftrag erfassen: Istdaten*. Geben Sie hier ein:

Endrückmeldung   ⦿ **Endrückmeld.**
Rück. Gutmenge (wird bereits vorgeschlagen) 100   Einheit: ST (=Stück)
Drücken Sie den Button *Warenbewegung* und *sichern* Sie abschließend die Rückmeldung. Sie erhalten dann eine entsprechende Meldung in der Statuszeile.

6. Schritt: Wareneingang durch Fertigungsauftrag
Nach dem Abschluß der Fertigungsauftragsdurchführung und erfolgter Rückmeldung wird die Ware bis zum Abruf (Auslieferung) im Fertigwarenlager eingelagert. Dies erfordert eine entsprechende Umbuchung. Wählen Sie hierzu:
Materialwirtschaft ⇨ ***Bestandsführung*** ⇨ ***Warenbewegung*** ⇨ ***Wareneingang Zum Auftrag (MB31):***

Geben Sie in den Feldern...
⇨ *Bewegungsart*:   101 (Wareneingang zum Auftrag in das Lager)
⇨ *Auftrag:*   (Ihre Fertigungsauftragsnummer)
⇨ *Werk:*   1000
⇨ *Lager:*   0001   ...ein und drücken Sie den Enter – Button.
Sie gelangen in das Bild: *Wareneingang zum Auftrag: Auswahlbild.*

Drücken Sie den Button *Übernehmen* 🗔 und buchen Sie abschließend den Wareneingang, indem Sie den *Sichern*-Button drücken (eventuelle Hinweise in der Statuszeile („Material ist Fehlteil...") ignorieren Sie bitte durch das vorherige Drücken der Enter-Taste).
Schauen Sie sich nun die neue *Bestandssituation* des Fertigerzeugnisses PCXX an. Wählen Sie hierzu den **TA Code *(MB52);*** bitte auch Option *Sonderbestände (da hier Kunden-auftragsbestand vorliegt)* anklicken.

Zusammenfassung der Fallstudien

Fallstudie 11 **Auslieferung bearbeiten** Buch S.187ff.	Nachdem die Fertigung des Komplett-PC XX abgeschlossen wurde, kann nun diese Ware inclusive der Handelsware Drucker ausgeliefert und zum Kunden transportiert werden. Ermitteln Sie zunächst aus dem Kundenauftrag, welche Versandstelle für die Auslieferung zuständig sein soll. Wählen Sie hierzu folgenden Menüpfad: *Logistik* ⇨ *Vertrieb* ⇨ *Verkauf* ⇨ *Auftrag* ⇨ *Anzeigen (va03):* Geben Sie im Feld *Auftrag* die Belegnummer des Kundenauftrages (s. Fallstudie 7) ein und drücken Sie die Enter-Taste. Sie gelangen in das Bild *Terminauftrag anzeigen: Übersicht*. Drücken Sie den Button (Karteikarte) *Versand*. Notieren Sie den Schlüssel der Versandstelle aus der gleichnamigen Spalte. (z.B. 1000 Versandstelle Hamburg). Notieren Sie bitte auch das längste (d.h. späteste) *Bereitstellungsdatum* aller Positionen. I.d.R. ist es das Bereitstellungsdatum der Position PCXX. Verlassen Sie die Auftragsbearbeitung. Wählen Sie nun folgenden *Menüweg*, um eine Lieferung für diesen Auftrag bzw. für die eben ermittelte Versandstelle anzulegen: *Logistik* ⇨ *Vertrieb* ⇨ *Versand und Transport* ⇨ *Auslieferung* ⇨ *Anlegen* ⇨ *Einzelbeleg* ⇨ *Mit Bezug auf Kundenauftrag (VL01N)* Sie gelangen auf das Einstiegsbild der Lieferungserstellung. Geben Sie die zuständige *Versandstelle* (z.B. 1000 = Hamburg) an (sofern kein automatischer Eintrag erfolgt ist). Geben Sie das *Selektionsdatum* (nicht das vorgeschlagene Tagesdatum, sondern das aus dem Kundenauftrag stammende Liferdatum)) an. Geben Sie nun im Bild *Auslieferung mit Auftragsbezug anlegen* außerdem die *Belegnummer* des zu beliefernden Kundenauftrags ein (sofern sie nicht schon vom System vorgeschlagen wird). Drücken Sie *ENTER*. Sie gelangen auf das *Bild Lieferung anlegen: Übersicht – Mengen*. Die Daten wurden aus dem zugrundeliegenden Auftrag in die Lieferung eingelesen („referiert"). Die Auftragsmenge wird nach erfolgreicher Verfügbarkeitsprüfung als Liefermenge in die Lieferung übernommen. Falls für eine Einteilung Probleme auftreten, erhalten Sie einen Hinweis auf ein *Fehlerprotokoll*. Wählen Sie dann den Karteikartenreiter *Kommissionierung*. Ohne eine erfolgte Kommissionierung kann kein Warenausgang gebucht werden. Die sogenannte *kommissionierte Menge* muß bei allen Positionen noch auf der Menge 0 stehen. Die kommissionierte Menge entspricht der tatsächlich dem Lager entnommenen Menge. In der Spalte *Kommissionierstatus* (stark verdeckt) muß für die Position Komplett-PC und Drucker ein A (= noch zu kommissionieren) stehen. In der Spalte *WM-Status* muß für die Position Komplett-PC und Drucker ebenfalls ein A (= noch nicht bearbeitet) stehen. Die Spalten sind leider etwas verdeckt. **Sichern Sie die Lieferung. Sie erhalten einen Hinweis mit der Lieferungsnummer (800xxxxx), die Sie bitte notieren!** Gehen Sie über *Auslieferung* ⇨ *Ändern* (+Enter) wieder in den Lieferungsbeleg. Springen Sie in das Nachrichtenbild der Lieferung. Wählen Sie hierzu: *Zusätze* ⇨ *Liefernachrichten* ⇨ *Kopf*. Überprüfen Sie, ob die Nachrichtenart Lieferschein erzeugt wurde.

	Gehen Sie dann mit Hilfe des Buttons ⬅ eine Maske zurück und drücken Sie den Karteikartenreiter *Positionsübersicht*. Wählen Sie von hier aus den **Menüpfad Folgefunktionen** ⇨ **Transportauftrag anlegen**. Bestätigen Sie das nachfolgende Fenster mit *Ja*. Sie gelangen in das Bild *Anlegen Transportauftrag Einstieg*. Geben Sie hier folgende Daten ein: Lagernummer: 010 *(Lager (Lean) Hamburg)* Werk: 1000 Lieferung Nummer des Lieferbeleges eingeben *(sofern er nicht schon vom System vorgeschlagen wurde)* In der Feldgruppe *Steuerung:* Kommimenge übernehmen: 1 *(= Kommimenge als Liefermenge übernehmen)* Drücken Sie die Enter-Taste. Im folgenden Bild werden die zu kommissionierenden Positionen vorgeschlagen. *Sichern Sie* anschließend den Transportauftrag und *notieren Sie sich die Belegnummer.* Gehen Sie über *Auslieferung* ⇨ *Ändern* ⇨*Einzelbeleg (VL02N)* wieder in den Lieferungsbeleg. Wählen Sie dann den Karteikartenreiter *Kommissionierung*. In der Spalte *Kommissionierstatus* muß für die Position Komplett-PC und Drucker nun C (= vollständig bearbeitet) stehen. In der Spalte *WM-Status* muß für die Position Komplett-PC und Drucker ebenfalls nun C (= vollständig bearbeitet) stehen. Die beiden Spalten sind leider etwas verdeckt. Drücken Sie hier abschließend den **Button Warenausgang buchen**. Die Lieferung ist somit aus Sicht der Versandstelle abgeschlossen.
Fallstudie 12 **Kundenrechnung anlegen und Rechnungsausgleich** Buch S.199ff.	Nachdem die Ware das Werk verlassen hat, soll die Rechnung (Faktura) erstellt und zum Kunden geschickt werden: Wählen Sie folgenden *Menüweg*, um eine einzelne Faktura anzulegen: *Logistik* ⇨ *Vertrieb* ⇨ *Fakturierung* ⇨ *Faktura* ⇨ *Anlegen (VF01)*. Sofern nicht schon vom System vorgeschlagen, geben Sie die Nummer des zu fakturierenden *(Lieferungs-) beleges* ein. Drücken Sie anschließend den Button *Ausführen* 🕒. Die Positionen des Lieferungsbeleges werden nun verarbeitet und in den Rechnungsbeleg kopiert (= referiert). Sie gelangen auf das *Bild Rechnung (Fakturaart) anlegen: Übersicht – Fakturapositionen*. Markieren Sie die erste Rechnungsposition und drücken Sie den Button *Details zu Positionen anzeigen* 🔍. Schauen Sie sich die Einzelheiten der Faktura in Ruhe an. Mit dem grünen Pfeil gelangen Sie wieder auf das *Bild Rechnung anlegen: Übersicht – Fakturapositionen*. *Speichern* Sie dann die Faktura und *notieren Sie sich die Belegnummer!* Ist das System richtig eingestellt, wird nun automatisch ein Buchhaltungsbeleg erzeugt und an die Finanzbuchhaltung übertragen. Um sich diesen Beleg anzeigen zu lassen, wählen Sie nun den Menüpfad *Faktura* ⇨ *Ändern (VF02).* Im Bild *Faktura ändern* wählen Sie bitte das Menü *Umfeld* ⇨ *Belegfluß anzeigen*. Sie erhalten eine Übersicht über den gesamten Geschäftsprozeß. Gehen Sie mit dem grünen Pfeil zurück bis auf die Maske *Faktura Rechnung Ändern Übersicht – Fakturapositionen*. Wählen Sie von hier aus den Button *Preiskonditionen Kopf* (alternativ

können Sie auch den Menüpfad *Springen* ⇨ *Kopf* ⇨ *Preiskonditionen Kopf* wählen). Schauen Sie sich die einzelnen Preisbestandteile (= Konditionsarten) der Rechnung an.
Notieren Sie sich den Endbetrag (incl. Mehrwertsteuer) der Rechnung

Brechen Sie die Konditionendarstellung mit dem grünen Pfeil ab. Lassen Sie sich nun die *Rechung* am Bildschirm anzeigen. Wählen Sie hierzu im Bild *Faktura ändern* den Menübefehl:

Faktura ⇨ *Ausgeben* ⇨ *Bildschirm* . Die Rechnung wird angezeigt. Schauen Sie sich das Rechnungsformular genau an. Verlassen Sie dann die Bildschirmdarstellung. Gehen Sie zurück bis auf die Easy Access Menüebene.

Nachdem unser Kunde die Rechnung erhalten hat, hat er den gesamten Rechnungsbetrag per Banküberweisung beglichen: Wählen Sie folgenden *Menüweg*, um die Kundenzahlung im R/3 System darzustellen:

Rechnungswesen ⇨ **Finanzwesen** ⇨ **Debitoren** ⇨ **Buchung** ⇨ **Zahlungseingang schnell (F-26)**.
Sie gelangen in die Maske:

Maske	Feld	Inhalt
Schnellerfassung Zahlungseingang: Kopfdaten	Buchungskreis Belegart Buchungsdatum Bankkonto Währung Belegdatum	1000 DZ (= Debitorenzahlung) (Tagesdatum) 113100 Bank Inland EUR (Tagesdatum) Drücken Sie dann den *Button Zahlungen erfassen*
Schnellerfassung Zahlungseingang:	Debitor Betrag Valutadatum Beleg/ Referenz	KXX (Rechnungsbetrag aus Fallstudie 12 Faktura anlegen) (Tagesdatum) (Belegnummer des Buchhaltungsbeleges, s. Belegübersicht; alternativ Feld freilassen) Drücken Sie die Enter – Taste. Es erfolgt die Zuordnung des eingegebenen Rechnungsbetrages zu den bestehenden Offenen Posten. Sie gelangen in die folgende Maske:
Offene Posten bearbeiten		Machen Sie einen *Doppelklick* auf den passenden Betrag im oberen Teil der Liste (Feld EUR Brutto). Falls der Rechnungsbetrag mit dem Offenen Posten übereinstimmt, lautet hier der nicht zugeordnete Betrag 0,00 Euro!

Buchen Sie den Zahlungseingang, indem Sie den Button *Speichern* drücken.

Zusammenfassung der Fallstudien

Anhang: Modulübergreifende Fallstudien:
Beleg- und Datenübersicht

Fallstudie 1 (SD)	Kundenstammsatz	Organisationsdaten	
Kundenstammsatz anlegen		VKO/ VTW/ SP 1000/ 12 / 00	
Fallstudie 2 (MM)		Wareneingangsbuchg.	

Material-stamm (MM)	Kurzbezeichung/ Materialart	Organisationsdaten: VKO/ VTW/ SP/ Werk/ Lager	Verkaufs-/ Bewertungpreis-/	Anfangsbestand
MO_ _ _ _	Monitor 19 Zoll / HAWA	1000/ 12/ 00/ 1000/ 0001	300,-/150,-	100
TA_ _ _ _	Tastatur / HAWA	1000/ 12/ 00/ 1000/ 0001	60,-/30,-	100
BR_ _ _ _	Blu Ray-Brenner / HAWA	1000/ 12/ 00/ 1000/ 0001	100,-/50,-	100
ZE_ _ _ _	Zentraleinheit / HAWA	1000/ 12/ 00/ 1000/ 0001	300,-/150,-	100
GH_ _ _ _	MIDI-Gehäuse / HAWA	1000/ 12/ 00/ 1000/ 0001	50,-/25,-	100
MS_ _ _ _	Maus / HAWA	1000/ 12/ 00/ 1000/ 0001	40,-/20,-	100
DR_ _ _ _	Drucker/ HAWA	1000/ 12/ 00/ 1000/ 0001	150,-/75,-	0
PC_ _ _ _	Komplett-PC XX / FERT	1000/ 12/ 00/ 1000/ 0001	1000,-/500,-	0
Fallstudie 3 (MM)	Lieferantenstammsatz	Einkaufsinfosatz 1	Einkaufsinfosatz 2	
Lieferantenstammsatz u. Einkaufsinfosatz				
Fallstudie 4 (PP)	Arbeitsplatz	Bezeichnung	Arbeitsplatzart	
Arbeitsplatz anlegen				
Fallstudie 5 (PP)	Normalarbeitsplan	Werk/ Plangruppe		
Arbeitsplan anlegen				
Fallstudie 6 (PP)	Material-/Vertriebsstüli	Werk/ Verwendung		
Materialstückliste anlegen				
Fallstudie 7 (SD)	(Kunden-)Auftrag	Bestellanforderung	Fertigungsauftrag	
Auftrag anlegen				
Fallstudie 8 (MM)	Bestellung			
Bestellung anlegen				
Fallstudie 9 (MM;FI)	Wareneingang (WE)	Rechnungseingang	Zahlungsausgang	
WE, Rechnungseing. u. Zahlungsausgang				

Fallstudie 10 (PP) Fertigungsauftragsbearbeitung	Reservierungsnr.	WA für die Produktion	WE aus Produktion
Fallstudie 11 (SD) Lieferung anlegen	Lieferungsnummer	TA-Auftrag/KommiNr.	WA-Buchung
Fallstudie 12 (SD;FI) Rechnung anlegen; Rechungsausgleich	Rechungsnummer	Buchhaltungsbeleg	Zahlungseingang

Stichwortverzeichnis

Abläufe bei der Auslieferung 176
Abrechnungsformen 195
Alternative Folge 92
Anfrage 67
Angebot 67
Arbeitsplan anlegen 89, 94
Arbeitsplanarten 90
Arbeitsplatz anlegen 86
Arbeitsplatzart 86
Arbeitsplätze 83
ATP – Menge 127
Aufgaben der Bestandsführung 151
Aufgaben der Rechnungsprüfung 152
Auftragseröffnung 163
Auftragsrückmeldung 165
Außenhandel 118
BANF-Abwicklung 141
Bedarfsübergabe 121
Belegfluß 123
Bereitstellungszone 182
Bestandsänderungen 151
Bestandsführung 63
Bestellabwicklung 142
Bestellanforderung 67, 141
Bestellung 67, 71
Bestellung anlegen 140, 147
Bewertung 151
Bezugsquellenermittlung 141
Branche 39
Daten des Arbeitsplatzes 84
Disposition 62
Eingabemöglichkeiten 17
Einkauf 62
Einkaufsbeleg 73
Einkaufsbelege 67
Einkaufsinformationssystem 63
Einkaufsinfosatz 67, 72, 74
Einzelfaktura 196

Erfassung von Rechnungen 154
Erstellungsformen 184, 194
Fakturaarten 192
Fakturabelegarten 193
Fakturierung 119
Fallstudienübersicht 10
Fertigungs- und Fertigungshilfsmittel 91
Fertigungsauftrag anlegen 163
Fertigungsauftrags- 168
Fertigungsauftragsbearbeitung 162
Fertigungsauftragsdurchführung 168
Fertigungsauftragseröffnung 168
Fertigungsauftragsfreigabe 168
Fertigungsauftragsrückmeldung 168
Freigabeerinnerung 141
Geschäftsbereich 23
Geschäftspartnerrollen 30
Geschäftspartnerrollen im Einkauf 69
Gesperrte Rechnungen 159
Gut- und Lastschriften 192
Haupt- und Nebenbilder 44
Inventur 151
Kalkulationsschema 125
Kennwortsetzung 13
Kommissionierbereich 182
Kommissionierstatus 188
Konditionen 124
Konditionen im Einkauf 144
Konditionstechnik 111
Konfigurierbare Stückliste 100
Kontengruppen 31
Kontrakt 67, 71, 112
Kreditlimitprüfung 121
Kreditorenkonto 152
Kundenauftrag anlegen 109, 132
Kundenauftragsstückliste 100
Kunden-Material-Infosatz 111

Stichwortverzeichnis

Kundenstamm 30, 32
Kundenstamm anlegen 22, 35
Ladedatum 128
Ladestelle 29
Ladezeit 129
Lagernummer 182
Lagerort 28
Lagertyp 182
Lagerverwaltung 63
Lean-WM-Kommissionierung 182
Lieferantenstamm 67
Lieferantenstammsatz 68
Lieferantenstammsatz und Einkaufsinfosatz anlegen 77
Lieferdatum 128
Lieferplan 67, 71
Lieferung anlegen 175, 187
Lieferung mit Belegbezug 185
Lieferung ohne Bezug 185
Lieferungsarten 179
Mandant 23
Matchcodes 19
Material- und Vertriebs-stückliste anlegen 106
Material-/Vertriebsstückliste anlegen 98
Materialart 39
Materialbereitstellungsdatum 128
Materialfindung 112
Materialreservierung 168
Materialstamm 39, 67
Materialstämme anlegen 47
Materialstückliste 100
Materialverfügbarkeitsprüfung 164
Mehrfachstückliste 100
Mengeneinheiten 44
Modi 16
Modul SD 110
Musterlösungen 134
Nachrichten im Einkauf 144
Nachrichtenarten im Versand 179
Normalarbeitsplan 90

offener Posten 152
OP bearbeiten 159
Orderbuch 67
Parallele Folge 92
Phasen eines Fertigungsauftrages 165
Pickmenge 176
Preisfindung 111, 121, 124
Proformarechnungen 192
Prüfmerkmale 91
Quotierung 67, 72
Rechnungsausgleich 191, 199
Rechnungserfassung 153
Rechnungsliste 196
Rechnungsprüfung 63
Rechnungssplit 196
Richtzeit 129
Sammelfreigabe 141
Sammelrechnung 196
SAP R/3® Bedienung 13
Sortimente 112
Sparte 25
Stammdaten 110
Stammfolge 91
Standardanalysen 116
Standardarbeitsplan 90
Status 123
Steuerschlüssel 91
Struktur des Lieferungsbeleges 180
Stücklisten 99
Stücklistenarten 100
Stücklistenaufbau 101
Stücklistenverwendung 103
Systemstart (Anmelden) 13
Transaktionscodes 16
Transitzeit 129
Transport 118
Transportauftrag 178, 189
Transportdispositionsdatum 128
Transportdispositionsvorlaufzeit 129

Stichwortverzeichnis

Variantenstückliste 100
Verfügbarkeitsprüfung 121, 127
Verkauf 113
Verkäufergruppe 27
Verkaufsbelegarten 119
Verkaufsbelege 119
Verkaufsbüro 26
Verkaufsorganisation 24
Versand 117
Versand- und Transportterminierung 128
Versandfunktionen 177
Versandkriterien 181
Versandstelle 28
Versandstellenermittlung 29
Versandstellenfindung 129
Versandterminierung 121
Vertriebsbereiche 25

Vertriebsinformationssystem 115
Vertriebsunterstützung 114
Vertriebsweg 25
Vorgangsbeschreibung 91

Warenausgangsbuchung 178
Warenausgangsdatum 128
Wareneingang 168
Wareneingänge zu Bestellungen 152
Werk 28
Wertschöpfungskette 11

Zahlungsausgang 159
Zahlungsausgang buchen 150, 156
Zahlungsbedingung 153
Zahlungssperre 159
Zielgruppen 11
Zugriffsfolgen 125